消防安全标准化

典型问题图册

中国航天科工集团有限公司安全保障部◎组编

气象出版社
China Meteorological Press

内容简介

本书是中国航天科工集团有限公司进行消防安全标准化达标建设的重要参考，对消防安全标准化现场检查中发现的问题进行收集和整理，精选典型问题进行深度剖析。共分为11章，包括消防控制室、火灾自动报警系统、消防给水及消火栓系统、自动喷水灭火系统、气体灭火系统、建筑防烟排烟系统、消防应急照明和疏散指示系统、灭火器、防火分隔设施、安全疏散设施和其他典型问题，每章都配上现场实景图片，并加以文字进行描述和说明，通过直观可视化的方式，对比展现典型问题错误与正确示范，使读者可以更加直观、清晰地了解问题所在，为消防安全标准化达标和日常消防安全管理提供宝贵借鉴。本书可供消防管理人员、技术人员和相关从业人员阅读参考。

图书在版编目（CIP）数据

消防安全标准化典型问题图册 / 中国航天科工集团有限公司安全保障部组编. -- 北京 : 气象出版社, 2024. 11. -- ISBN 978-7-5029-8353-6

Ⅰ. TU998.1-64

中国国家版本馆 CIP 数据核字第 2024064V5W 号

消防安全标准化典型问题图册

Xiaofang Anquan Biaozhunhua Dianxing Wenti Tuce

出版发行： 气象出版社

地　　址： 北京市海淀区中关村南大街 46 号　　**邮政编码：** 100081

电　　话： 010-68407112（总编室）　010-68408042（发行部）

网　　址： http://www.qxcbs.com　　**E-mail：** qxcbs@cma.gov.cn

责任编辑： 彭淑凡　　**终　　审：** 张　斌

责任校对： 张硕杰　　**责任技编：** 赵相宁

封面设计： 艺点设计

印　　刷： 三河市君旺印务有限公司

开　　本： 710 mm×1000 mm　1/16　　**印　　张：** 7

字　　数： 94 千字

版　　次： 2024 年 11 月第 1 版　　**印　　次：** 2024 年 11 月第 1 次印刷

定　　价： 45.00 元

《消防安全标准化典型问题图册》

编写组

中国航天科工集团有限公司：

贺　娇　齐龙涛　李　捷　吴　凯　许逢材

师　轩　崔琦琦　吴　迪　王　征　宋东波

武　颖　汪　翼　苏　奇　于　亮　薛　靖

陈　磊　任希楠　缪　涛　陈　猛

国家国防科技工业局经济技术发展中心：

王　丹

PREFACE 前言

2019年，中国航天科工集团有限公司（简称航天科工集团）开展实施消防安全标准化达标建设管理模式，编制发布了公司标准《消防安全标准化评分细则》（Q/QJB 333A—2022），实现了消防安全管理工作有标可依、有章可循、有据可查，推动航天科工集团消防安全工作制度化、规范化、系统化。

目前，航天科工集团的消防安全标准化工作已经进行到第二轮，通过两轮五年多的运行，积累了一定的经验和范例。编写组本着问题导向、目标导向的基本原则，组织编写了《消防安全标准化典型问题图册》。

本书对消防安全标准化现场检查中发现的问题进行收集和整理，精选典型问题进行深度剖析，配上现场实景图片，并加以文字进行描述和说明，通过直观可视化的方式，对比展现典型问题错误与正确示范，使读者可以更加直观、清晰地了解问题所在，为各单位消防安全标准化达标和日常消防安全管理提供宝贵借鉴。

本书共分为11章，包括消防控制室、火灾自动报警系统、消防给水及消火栓系统、自动喷水灭火系统、气体灭火系统、建筑防烟排烟系统、消防应急照明和疏散指示系统、灭火器、防火分隔设施、安全疏散设施和其他典型问题。

由于编者水平有限，本书难免存在疏漏之处，恳请读者提出宝贵意见和建议。

CONTENTS 目 录

第 11 章 其他典型问题

》第 1 章《

消防控制室

1.1 消防控制室管理规定

消防控制室是设有火灾自动报警控制设备和消防控制设备，用于接收、显示、处理火灾报警信号，控制相关消防设施的专门处所。具有消防联动功能的火灾自动报警系统的保护对象中应设置消防控制室。

消防控制室管理规定：

（1）消防控制室实行每日 24 h 值班制度，每班工作时间不大于 8 h，每班人员不少于 2 人，值班人员应持有相应等级的建（构）筑物消防员或消防设施操作员职业资格证书。*

（2）除按照三级负荷供电的消防用电设备外，消防控制室消防用电设备的供电应在其配电线路的最末一级配电箱内设置自动切换装置。

（3）值班人员应正确熟练操作消防设施。

（4）值班人员应熟练掌握火灾报警应急处置程序。

（5）值班人员值班期间，不得有睡岗、脱岗、串岗等现象。

（6）消防控制室值班记录应规范、齐全、准确。

（7）消防控制室应采取防水淹、防潮、防啮齿动物等的措施，疏散门应直通室外或安全出口。

（8）消防控制室地面装修材料的燃烧性能不应低于 B1 级，顶棚和墙面内部装修材料的燃烧性能均应为 A 级。

（9）设备面盘前的操作距离，单列布置时不应小于 1.5 m，双列布置时不应小于 2 m。在值班人员经常工作的一面，设备面盘至墙的距离不应小于 3 m。设备面盘后的维修距离不宜小于 1 m。设备面盘的排列长度大于 4 m 时，其两端应设置宽度不小于 1 m 的通道。

---

* 本书正文中红色文字（标题除外）表示标准否决项（出现一项即中止评审的情形）。后同。

1.2 消防控制室典型问题及示范图例

消防控制室典型问题：

（1）值班人员不具备相应等级的建（构）筑物消防员或消防设施操作员职业资格证书；

（2）值班人员操作消防设施不熟练；

（3）值班人员值班期间存在睡岗、脱岗、串岗等现象；

（4）消防控制室未配备应急包；

（5）消防控制室未设置视频监控或视频监控故障；

（6）消防控制室值班记录不规范，存在代签字现象等。

错误示例

值班人员不具备相应等级的建（构）筑物消防员或消防设施操作员职业资格证书

正确示范

值班人员应具备相应等级的建（构）筑物消防员或消防设施操作员职业资格证书。持初级（五级）证书的人员可监控、操作不具备联动控制功能的区域火灾自动报警系统及其他消防设施；监控、操作设有联动控制设备消防控制室的人员，应持中级（四级）及以上等级证书

错误示例

消防控制室值班人员脱岗

消防控制室值班人员睡岗

正确示范

值班人员值班期间，不得有睡岗、脱岗、串岗等现象

错误示例

消防控制室未配备应急包

正确示范

消防控制室应配备应急包，并根据实际配置灭火器、灭火毯、手电筒、自救呼吸器等消防器材

错误示例

消防控制室未设置视频监控

正确示范

消防控制室应设置视频监控且功能正常，存储记录不少于 30 天

第2章

火灾自动报警系统

火灾自动报警系统由触发装置、火灾报警装置、联动输出装置及具有其他辅助功能的装置组成。它能在火灾初期，将燃烧产生的烟雾、热量、火焰等物理量，通过火灾探测器变成电信号，传输到火灾报警控制器，并同时以声或光的形式通知整个楼层疏散。控制器记录火灾发生的部位、时间等，使人们能够及时发现火灾，并及时采取有效措施，扑灭初期火灾，最大限度地减少因火灾造成的生命和财产的损失。

火灾自动报警系统包括火灾报警控制器和消防联动控制器、火灾探测器、手动火灾报警按钮、火灾警报器、消防应急广播、消防专用电话、消防模块等。

2.1 火灾报警控制器和消防联动控制器

2.1.1 火灾报警控制器

火灾报警控制器是火灾自动报警系统的心脏，可向探测器供电，具有下述功能：

（1）用来接收火灾信号并启动火灾报警装置，该设备也可用来指示着火部位和记录有关信息；

（2）能通过火警发送装置启动火灾报警信号或通过自动消防灭火控制装置启动自动灭火设备和消防联动控制设备；

（3）自动地监视系统的正确运行和对特定故障给出声、光报警。

2.1.2 消防联动控制器

消防联动控制器是接收火灾报警控制器或其他火灾触发器件发出的火灾报警信号，根据设定的控制逻辑发出控制信号，控制各类消防设备实现相应功能的控制设备。

（1）火灾自动报警系统中控制与显示类设备的主电源应直接与消防电源连接，不应使用电源插头。控制器与其外接备用电源之间应直接连接。控制器应处于正常工作状态。

（2）控制器的主电源应设置明显的永久性标识，控制器的接地应牢固，并有明显的永久性标志。

（3）控制器外观完好，组件齐全，无故障，信息打印清晰且时间等信息与实际情况相符。

2.1.3　典型问题及示范图例

火灾报警控制器和消防联动控制器典型问题：

（1）火灾报警控制器和消防联动控制器主电源使用插头连接；

（2）火灾报警控制器和消防联动控制器时间设置不正确；

（3）火灾报警控制器和消防联动控制器备电故障；

（4）火灾报警控制器和消防联动控制器按钮破损、存在故障点等。

错误示例

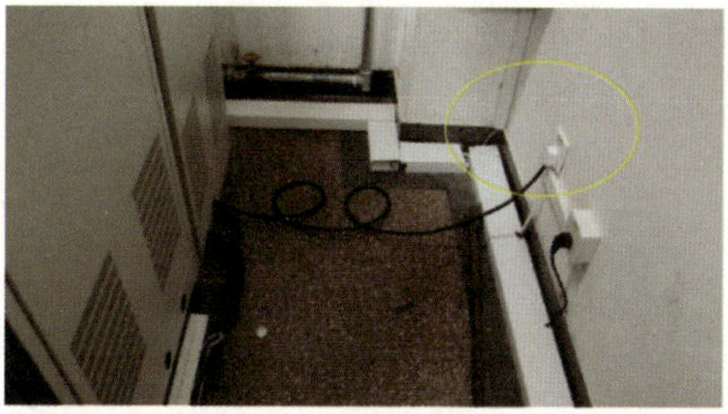

消防联动控制器主电源使用插头连接

正确示范

火灾自动报警系统中控制与显示类设备的主电源应直接与消防电源连接，不应使用电源插头

错误示例

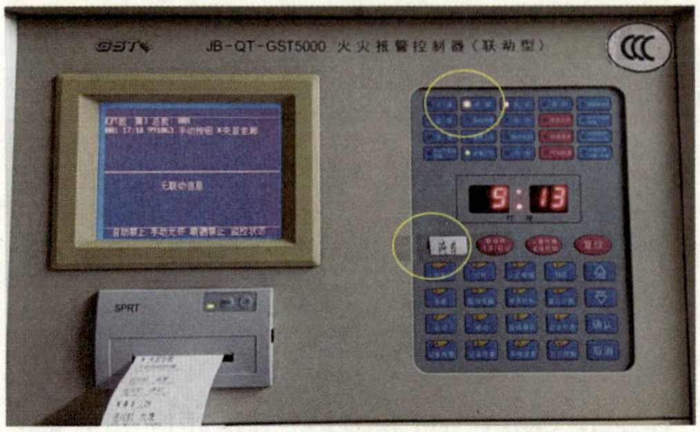

火灾报警控制器按钮破损、
存在故障点

正确示范

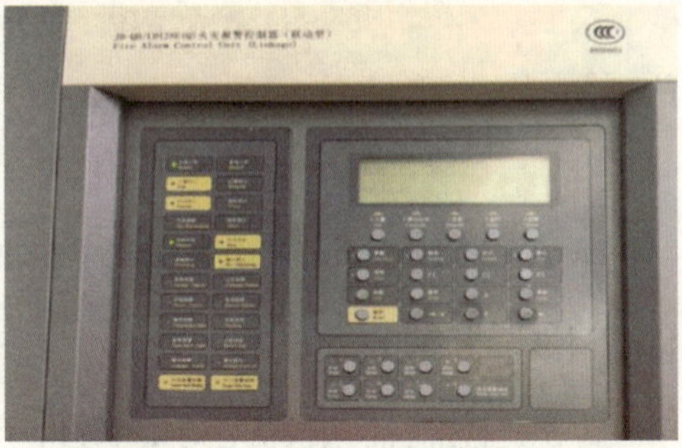

控制器外观完好，组件齐全，
无故障

2.2 火灾探测器

2.2.1 火灾探测器简介

火灾探测器是消防火灾自动报警系统中对现场进行探查、发现火灾的设备。火灾探测器是系统的“感觉器官”，它的作用是监视环境中有没有火灾的发生。一旦有了火情，就将火灾的特征物理量，如温度、烟雾、气体和辐射光强等转换成电信号，并立即动作向火灾报警控制器发送报警信号。

火灾探测器应外观完好、设置正确、功能正常、安装牢固，并符合《火灾自动报警系统设计规范》（GB 50116—2013）的要求。

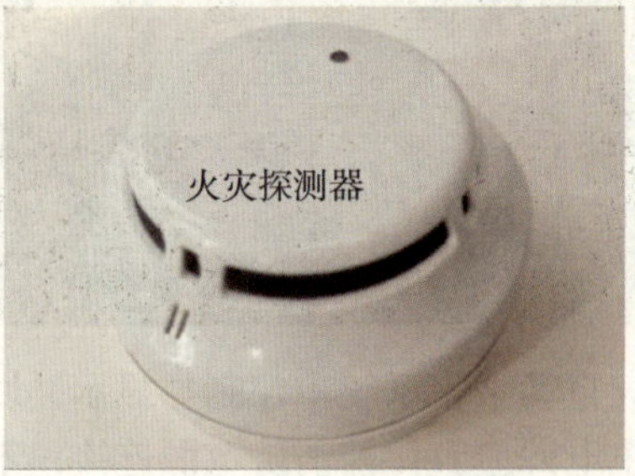

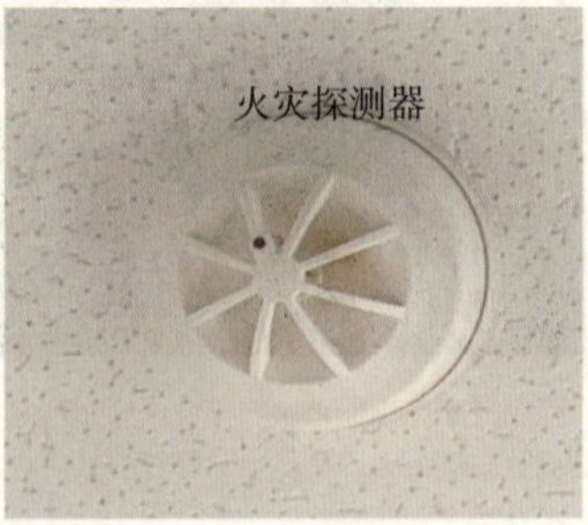

2.2.2　火灾探测器典型问题及示范图例

火灾探测器典型问题：

（1）设置点型火灾探测器的探测区域，个别房间未设置火灾探测器；

（2）火灾探测器故障、未固定、防尘罩未摘；

（3）点型探测器至墙壁的水平距离小于 0.5 m；

（4）有防爆要求的场所未采用防爆型火灾探测器等。

错误示例

点型火灾探测器至墙壁的水平距离小于 0.5 m

正确示范

点型火灾探测器至墙壁、梁边的水平距离不应小于 0.5 m

错误示例

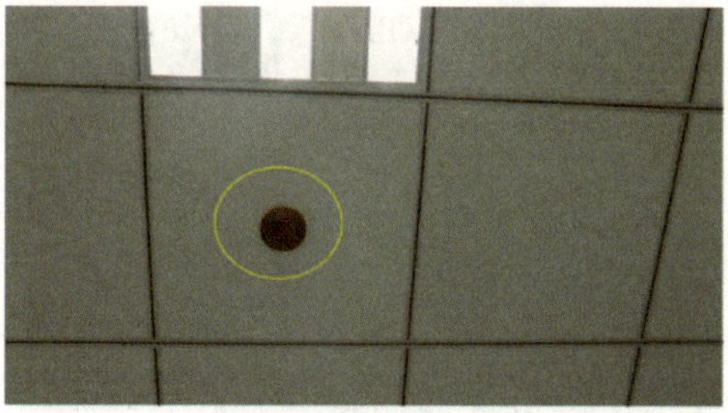

点型火灾探测器防尘罩未摘

正确示范

点型火灾探测器周围 0.5 m 内不应有遮挡物

错误示例

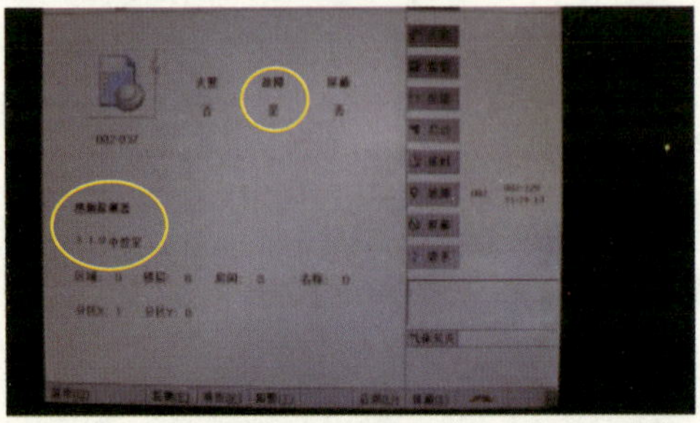

感烟火灾探测器故障

感烟火灾探测器未固定

正确示范

火灾探测器应外观完好、无破损、无故障等

错误示例

设置点型火灾探测器的探测区域，个别房间未设置火灾探测器

正确示范

设置点型火灾探测器的探测区域，每个房间应至少设置一只火灾探测器

2.3 手动火灾报警按钮

2.3.1 手动火灾报警按钮简介

手动火灾报警按钮（俗称手报）安装在公共场所，当人工确认火灾发生后按下按钮上的有机玻璃片，可向火灾报警控制器发出信号，火灾报警控制器接收到报警信号后，显示出报警按钮的编号或位置并发出报警音响。

手动火灾报警按钮应外观完好、设置正确、功能正常，并符合《火灾自动报警系统设计规范》（GB 50116—2013）的要求。

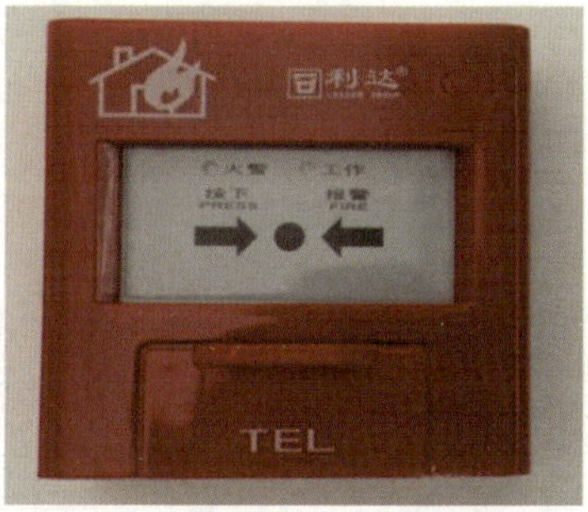

2.3.2 手动火灾报警按钮典型问题及示范图例

手动火灾报警按钮典型问题：

（1）手动火灾报警按钮破损、故障；

（2）手动火灾报警按钮被遮挡；

（3）手动火灾报警按钮地址编码信息错误；

（4）手动火灾报警按钮未设置标识等。

错误示例

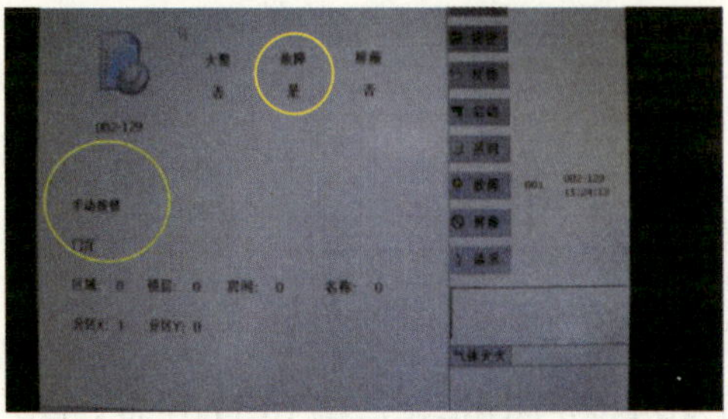

手动火灾报警按钮故障

错误示例

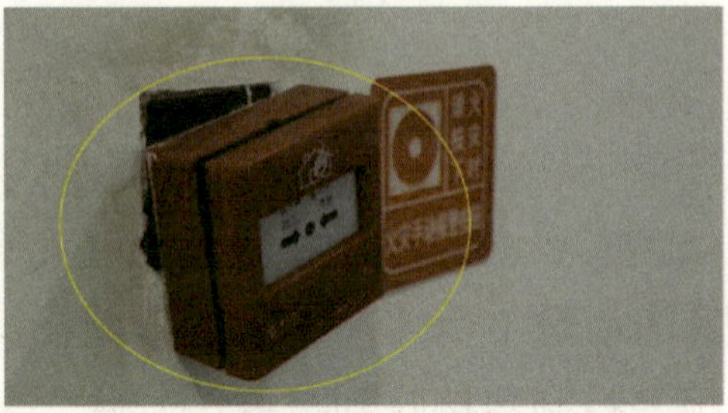

手动火灾报警按钮未牢固安装

错误示例

手动火灾报警按钮破损

正确示范

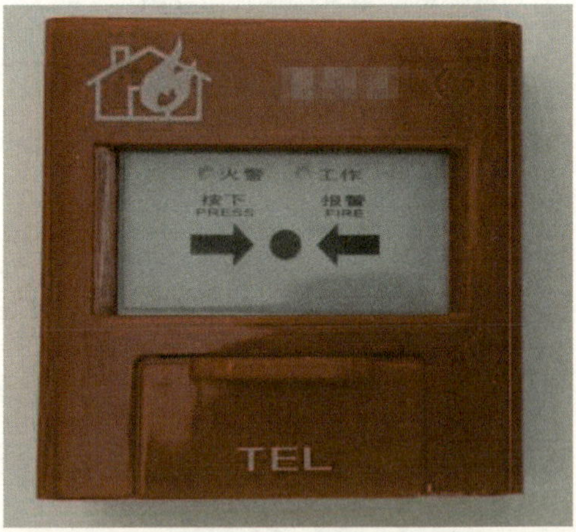

手动火灾报警按钮应外观完好、设置正确、功能正常

错误示例

手动火灾报警按钮未设置标志

正确示范

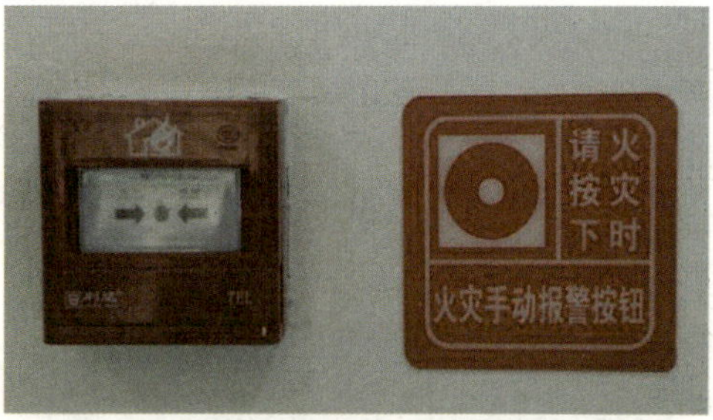

手动火灾报警按钮应设置在明显和便于操作的部位，且应有明显的标志

2.4 火灾警报器

2.4.1 火灾警报器简介

火灾警报器（俗称声光）是一款安装在现场的声光报警设备，可直接接入火灾报警控制器（俗称报警主机）的信号二总线，使用 DC 24 V 电源线，同时接受来自现场设备的 4~20 mA 电流反馈，控制器可以实时了解现场情况，并作出相应的反应。在现场发生火灾并确认后，安装在现场的火灾声光警报器可由消防控制中心的火灾报警控制器启动，发出强烈的声光报警信号，以达到提醒现场人员注意的目的。

火灾警报器应外观完好、设置正确、功能正常，并符合《火灾自动报警系统设计规范》(GB 50116—2013）和《消防设施通用规范》（GB 55036—2023）的要求。

火灾自动报警系统应设置火灾声、光警报器，火灾声、光警报器应符合 GB 50116、GB 55036 要求。

2.4.2 火灾警报器典型问题及示范图例

火灾警报器典型问题：

（1）消防电梯前室未设置火灾警报器；

（2）火灾警报器距地面高度小于 2.2 m。

错误示例

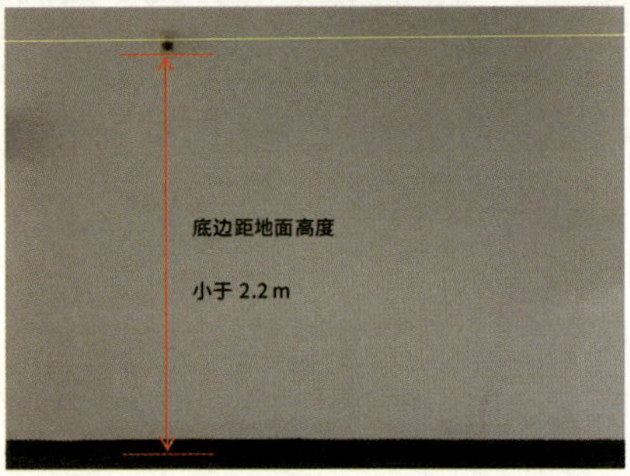

壁挂式火灾警报器底边距地面高度小于 2.2 m

正确示范

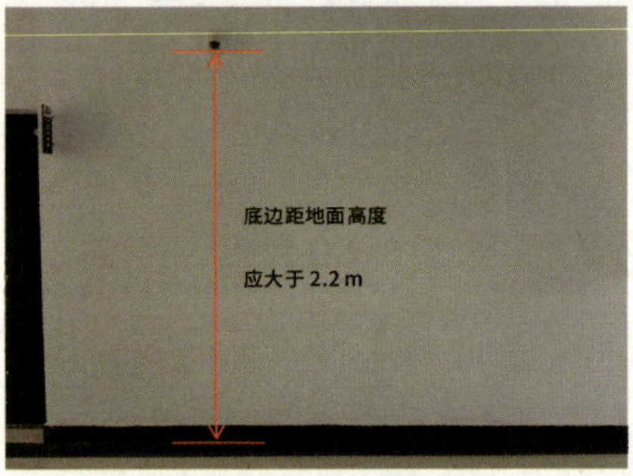

当火灾警报器采用壁挂方式安装时，其底边距地面高度应大于 2.2 m

2.5 消防应急广播

2.5.1 消防应急广播简介

消防应急广播是火灾疏散和应急指挥的重要设备，在整个消防控制管理系统中起着极其重要的作用。火灾发生时，应急广播信号通过音源设备发出，经功率放大器放大后，由模块切换到指定区域的音箱实现应急广播。主要由音源设备、功率放大器、输出模块、音箱等设备构成。

集中报警系统和控制中心报警系统应设置消防应急广播。具有消防应急广播功能的多用途公共广播系统，应具有强制切入消防应急广播的功能。

消防应急广播扬声器应外观完好、设置正确、功能正常，并符合《火灾自动报警系统设计规范》（GB 50116—2013）的要求。

2.5.2　消防应急广播系统典型问题及示范图例

消防应急广播典型问题：消防应急广播故障、扬声器破损等。

错误示例

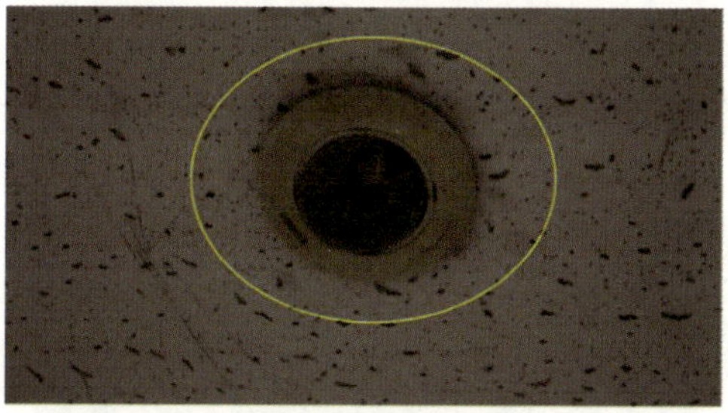

扬声器破损

正确示范

消防应急广播扬声器应外观完好、设置正确、功能正常

2.6　消防专用电话

2.6.1　消防专用电话管理规定

消防专用电话是消防通信的专用设备，当发生火灾报警时，它可以提供方便快捷的通信手段，是消防控制及其报警系统中不可缺少的通信设备。消防电话系统有专用的通信线路，现场人员可以通过现场设置的固定电话跟消防控制室进行通话，也可以用便携式电话插入插孔式手报或者电话插孔与控制室直接进行通话。

（1）消防控制室应设置消防专用电话总机和可直接报火警的外线电话，消防专用电话网络应为独立的消防通信系统。

（2）相关部位应设置消防专用电话分机。消防专用电话分机应固定安装在明显且便于使用的部位，并有区别于普通电话的标识。

（3）在消防控制室与所有消防电话、电话插孔之间互相呼叫与通话，总机应能显示每部分机或电话插孔的位置，呼叫铃声和通话语音应清晰。

2.6.2 消防专用电话典型问题及示范图例

消防专用电话典型问题：

（1）部分场所未按标准要求设置消防专用电话分机；

（2）消防专用电话分机故障；

（3）消防控制室不能显示消防专用电话分机位置或显示位置与实际不符等。

错误示例

消防水泵房未设置消防专用电话分机

正确示范

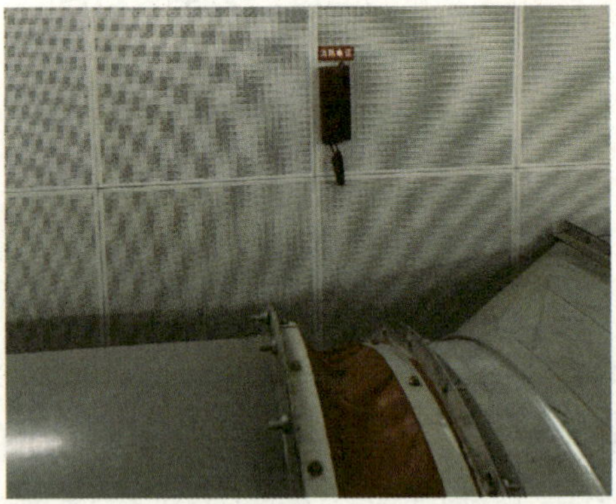

消防水泵房、发电机房、变配电室等相关部位应设置消防专用电话分机

错误示例

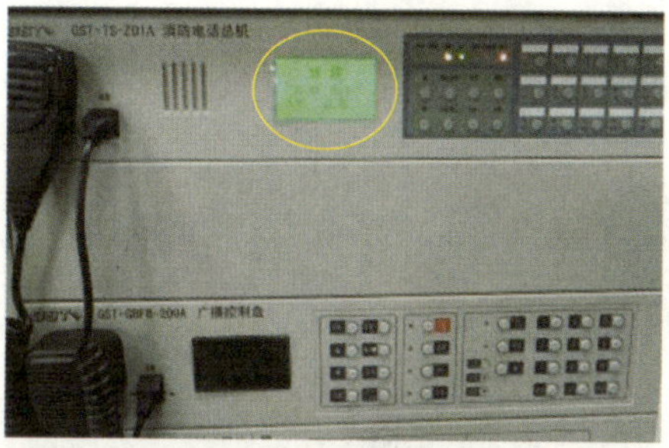

消防专用电话分机故障

正确示范

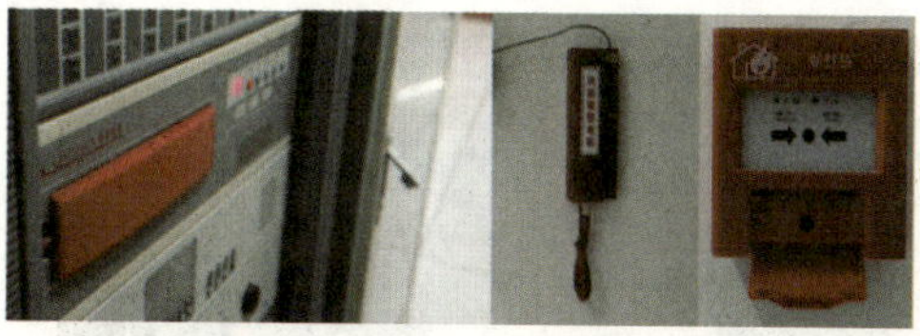

在消防控制室与所有消防电话、电话插孔之间互相呼叫与通话，总机应能显示每部分机或电话插孔的位置，呼叫铃声和通话语音应清晰

2.7 消防模块

2.7.1 消防模块管理规定

消防模块是消防联动控制系统的重要组成部分，是消防自动报警系统中不可或缺的左臂右膀，包括输入模块、输出模块等。

（1）联动控制模块严禁设置在配电柜（箱）内，一个报警区域内的模块不应控制其他报警区域的设备。

（2）消防模块应外观完好、设置正确、功能正常，并符合《火灾自动报警系统设计规范》（GB 50116—2023）和《火灾自动报警系统施工及验收规范》（GB 50166—2019）的要求。

2.7.2 消防模块典型问题及示范图例

消防模块典型问题：

（1）联动控制模块设置在配电柜（箱）内；

（2）消防模块未固定；

（3）非集中设置的模块未设置标识等。

错误示例

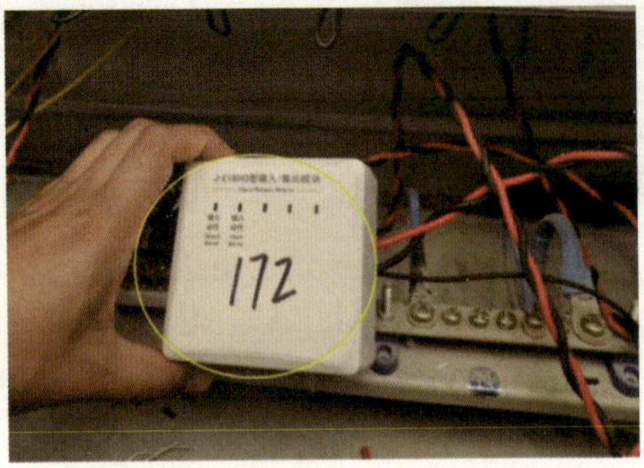

联动控制模块设置在配电箱内

正确示范

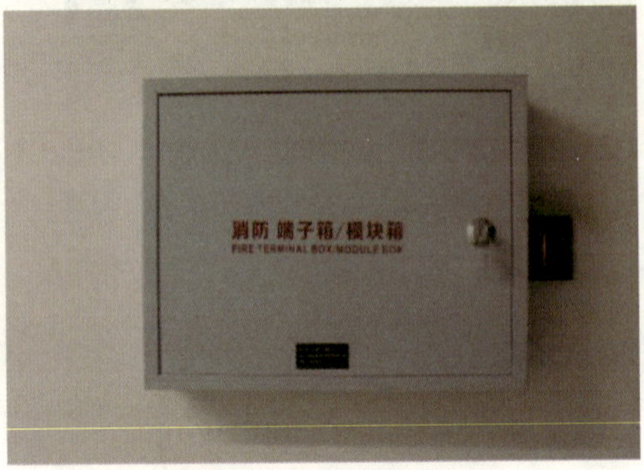

联动控制模块严禁设置
在配电柜（箱）内

错误示例

模块未固定

正确示范

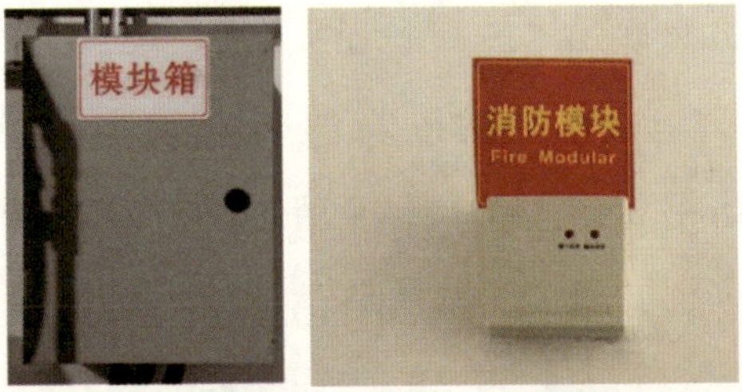

模块（或金属箱）应独立支撑或固定，
安装牢固，未集中设置模块附近应有
尺寸不小于 100 mm × 100 mm 的标识

第3章

消防给水及消火栓系统

消防给水及消火栓系统主要包括消防水池、消防水泵（喷淋）、高位消防水箱、增（稳）压设施、消防水泵接合器、室内消火栓、室外消火栓、信号及反馈、管道等，能够提供足够的消防水源，以便及时扑灭火灾，保障人们的生命财产安全。

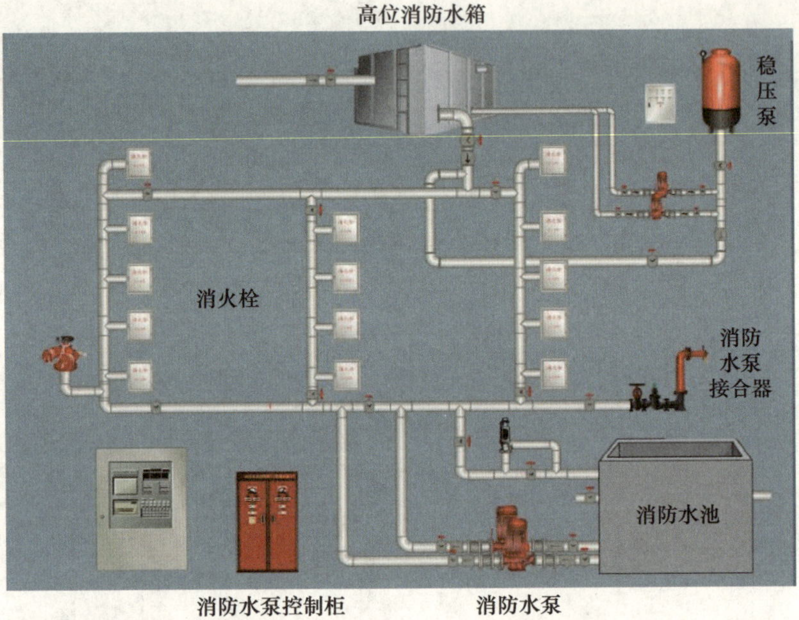

室内消火栓

室外消火栓

3.1 消防水池

3.1.1　消防水池管理规定

消防水池是人工建造的供固定或移动消防水泵吸水的储水设施。

当出现市政给水管网或入户引入管不能满足室内、室外消防给水设计流量；采用一路消防供水或只有一条入户引入管，且室外消火栓设计流量大于 20 L/s 或建筑高度大于 50 m；市政消防给水设计流量小于建筑室内外消防给水设计流量等情况之一时，都应当应设置消防水池。

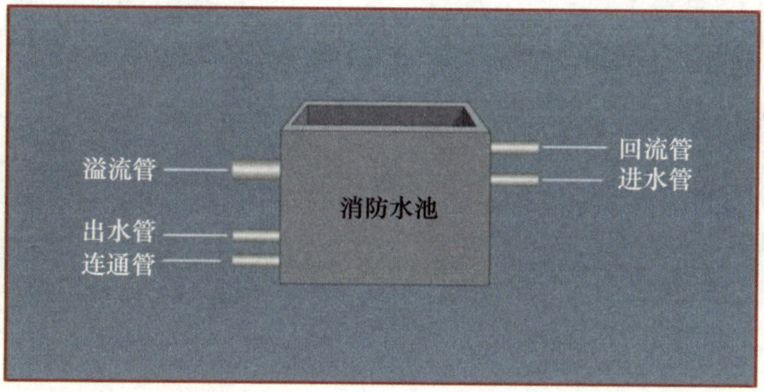

消防水池应符合下列规定：

（1）储水水位不应低于最低水位。

（2）应外观完好，设置环境符合《消防给水及消火栓系统技术规范》（GB 50974—2014）的要求。

（3）消防水池的水位应能就地显示和在消防控制室显示，消防水池应设置高低水位报警装置。玻璃水位计两端的角阀在不进行水位观察时应关闭。

（4）消防水池应设置溢流水管和排水设施，并应采用间接排水。

（5）消防水池应采取自动补水措施，通气管、溢流管应有防止昆虫及小动物爬入水池的措施。

3.1.2 消防水池典型问题及示范图例

消防水池典型问题：

（1）消防水池储水水位低于最低水位；

（2）消防水池未设置就地水位显示装置；

（3）消防水池玻璃水位计角阀在不进行水位观察时未关闭；

（4）通气管、溢流管未采取防止昆虫及小动物爬入水箱的措施等。

错误示例

消防水池储水水位低于最低水位

正确示范

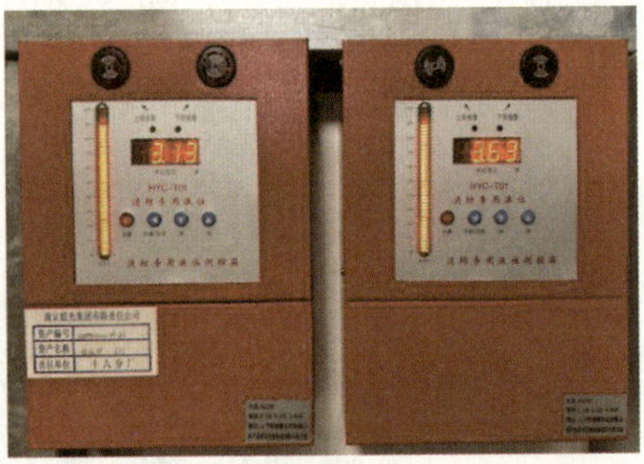

消防水池储水水位不应低于最低水位

错误示例

消防水池未设置水位就地显示装置

正确示范

消防水池的水位应能就地显示

错误示例

玻璃水位计角阀在不进行水位观察时未关闭

正确示范

玻璃水位计两端的角阀在不进行水位观察时应关闭

3.2 消防水泵（喷淋）

3.2.1 消防水泵管理规定

消防水泵是指专用消防水泵或达到国家标准规定的普通清水泵。大多数消防水源提供的消防用水，都需要消防水泵进行加压，以满足灭火时对水压和水量的要求。

（1）消防水泵控制柜在平时应使消防水泵处于自动启泵状态。

（2）消防水泵吸水管和出水管上的控制阀应锁定在常开位置。

（3）消防水泵应确保在火灾时能及时启动；停泵应由人工控制，不应自行停泵。

（4）启动消防水泵，消防水泵应在 55 s 内投入运行，且应无不良噪声和振动。

（5）消防水泵应设置备用泵，其性能应与工作泵性能一致，主备泵切换正常。

（6）消防水泵的吸水管上设置的控制阀、过滤器（宜设置）、柔性连接管、变径连接管、压力表等组件应齐全、完好、安装正确。

（7）消防水泵的出水管上设置的控制阀、止回阀、压力表等组件应齐全、完好、安装正确。

（8）每台消防水泵的出水管上应设置 DN65（DN 是指公称直径，单位为 mm）的试水管，并应采取排水措施。

（9）消防水泵应由消防水泵出水干管上设置的压力开关、高位消防水箱出水管上的流量开关或报警阀压力开关等开关信号直接自动启动。

（10）应由消防控制室消防联动控制器的手动直接控制装置，直接手动控制消防水泵的启动、停止，并反馈启、停信号。

（11）消防水泵应设置就地强制启停泵按钮，并应有保护装置。

（12）消防水泵控制柜组件齐全、完好、符合安全要求。

（13）消防水泵控制柜应具有机械应急启泵功能，且机械应急启泵时，消防水泵应能在接收火警后 5 min 内进入正常运行状态。

（14）消防水泵控制柜位于消防水泵控制室内时，其防护等级不应低于 IP30；位于消防水泵房内时，其防护等级不应低于 IP55。

3.2.2 消防水泵典型问题及示范图例

消防水泵典型问题：

（1）消防水泵控制柜处于手动状态；

（2）消防水泵吸水管上的控制阀处于关闭状态；

（3）消防水泵吸水管上未设置压力表；

（4）消防水泵吸水管变径连接时，未采用偏心异径、管件管顶平接；

（5）消防水泵出水干管上未设置压力开关；

（6）消防水泵不具备机械应急启泵功能；
（7）消防水泵控制柜防护等级低于 IP55；
（8）消防水泵控制柜标识缺失等。

错误示例

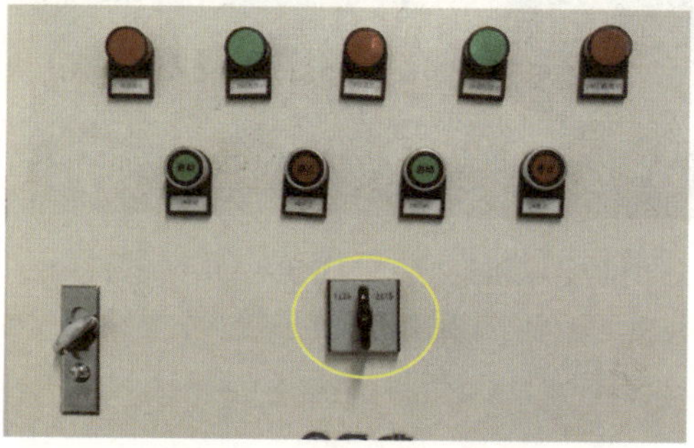

消防水泵控制柜处于手动状态

正确示范

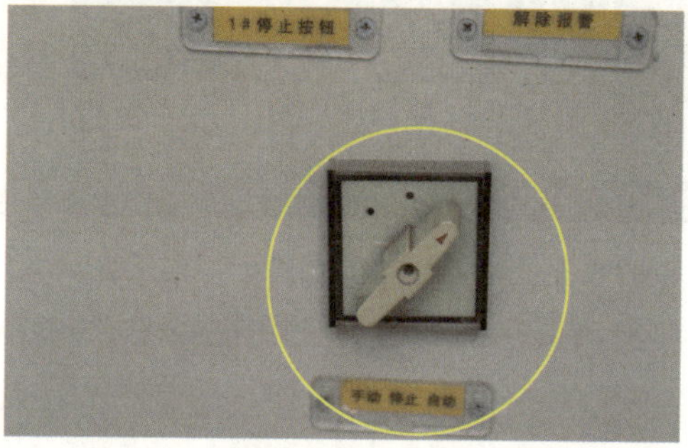

消防水泵控制柜在平时应使消防水泵处于自动启泵状态

错误示例

消防水泵吸水管上的控制阀处于关闭状态

正确示范

消防水泵吸水管和出水管上的控制阀应置于开启状态

错误示例

消防水泵吸水管变径连接时，未采用偏心异径、管件管顶平接

正确示范

变径连接时，应采用偏心异径管件并采用管顶平接

错误示例

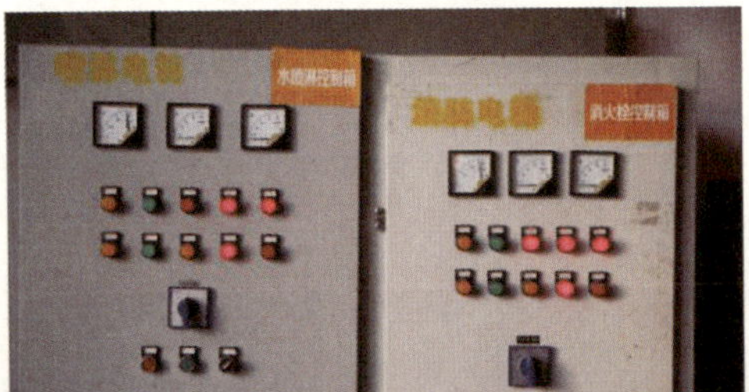

消防水泵控制柜不具备机械应急启泵功能

正确示范

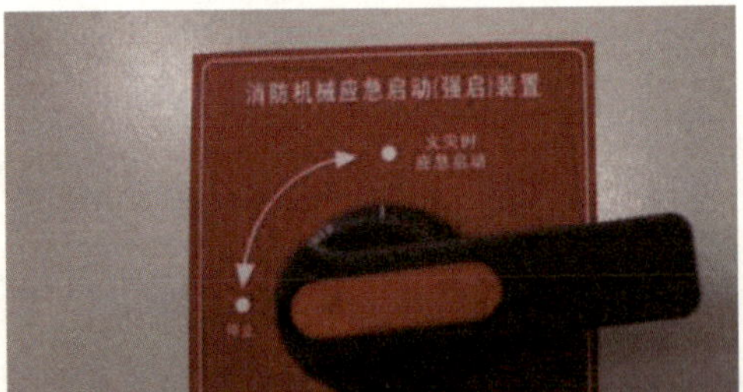

消防水泵控制柜应具有机械应急启泵功能，且机械应急启泵时，消防水泵应能在接收火警后 5 min 内进入正常运行状态

错误示例

消防水泵吸水管上未设置压力表

正确示范

消防水泵吸水管上的压力表等组件应齐全、完好、安装正确

错误示例

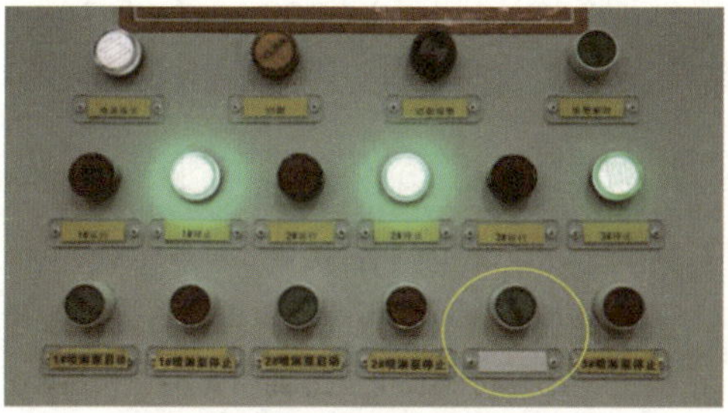

消防水泵控制柜标识缺失

正确示范

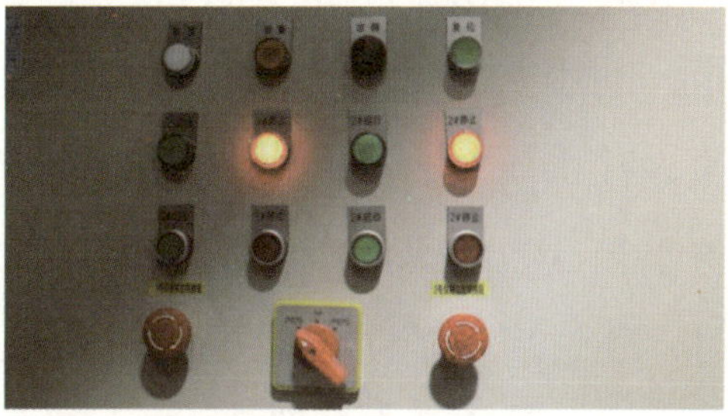

消防水泵控制柜组件齐全、完好、标识清晰、符合安全要求

错误示例

当消防水泵吸水管设置暗杆闸阀时，未设置开启刻度和标志

正确示范

消防水泵吸水管控制阀应为明杆闸阀或带自锁装置的蝶阀，当设置暗杆闸阀时应设有开启刻度和标志

3.3 高位消防水箱

3.3.1 高位消防水箱管理规定

高位消防水箱指符合规范要求的静压满足最不利点消火栓水压的水箱，利用重力自流供水，设置在建筑的最高处，静压不能满足最不利点消火栓水压时，应设增压稳压设施。临时高压消防给水系统必须设置消防水箱，系统平时仅能满足消防水压而不能保证消防用水量。发生火灾时，通过启动消防水泵提供灭火用水量。

（1）储水水位不应低于最低水位。

（2）高位消防水箱的水位应能就地显示和在消防控制室显示，消防水箱应设置高低水位报警装置。玻璃水位计两端的角阀在不进行水位观察时应关闭。

（3）应采取自动补水措施，进水管应在溢流水位以上接入，当进水管为淹没出流时应在进水管上设置防止倒流的措施。

（4）出水管管径不应小于 DN100，应位于最低水位以下，并应设置止回阀。

（5）通气管、溢流管应有防止昆虫及小动物爬入水箱的措施。溢流管的直径不应小于进水管直径的 2 倍，且不应小于 DN100。

（6）屋顶露天高位消防水箱的人孔和进出水管的阀门等应采取防止被随意关闭的保护措施。

3.3.2　高位消防水箱典型问题及示范图例

高位消防水箱典型问题：

（1）高位消防水箱的水位不能在消防控制室显示；

（2）高位消防水箱角阀在不进行水位观察时未关闭或角阀损坏；

（3）高位消防水箱未设置就地水位显示装置；

（4）高位水箱溢流管防虫网破损等。

错误示例

高位消防水箱的水位不能在消防控制室显示

正确示范

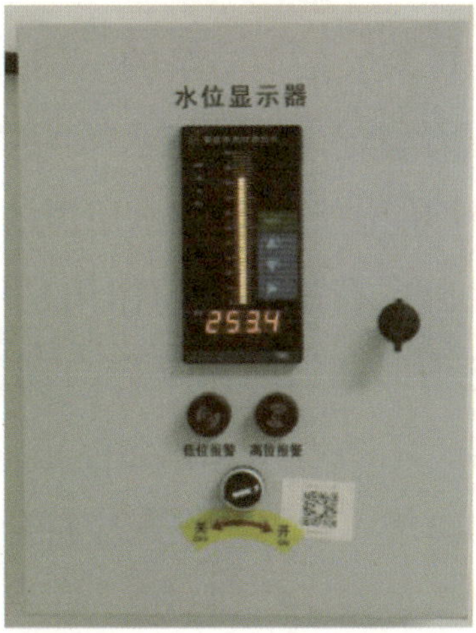

高位消防水箱的水位应能在消防控制室显示，消防水箱应设置高低水位报警装置

错误示例

高位消防水箱溢流管防虫网
破损、脱落

正确示范

高位消防水箱防虫网应安装正确
且保持完好

3.4 消防增（稳）压设施

3.4.1 消防增（稳）压设施管理规定

消防增（稳）压设施由消防稳压泵和消防稳压罐组成。

稳压泵，是消防泵的一种，用于自动喷水灭火系统和消火栓给水系统的压力稳定，使系统水压始终处于要求压力状态，一旦喷头或消火栓出水，即能满足消防用水所需的水量和水压。

稳压罐在消防中的作用是维持系统的压力。当系统的压力变小达到一定值时，消防泵就会自动启动，增加系统的压力，当压力达到指定值时，消防增压泵就会停止，靠稳压罐维持系统的压力。

消防增（稳）压设施应符合以下规定：

（1）稳压泵控制柜正常供电，且控制装置应处于自动状态。

（2）稳压泵吸水管和出水管上的控制阀应锁定在常开位置。

（3）稳压泵应设置备用泵，并自动启停，启停时系统压力应平稳，启停次数不应大于 15 次 /h。

（4）稳压泵应设置就地强制启停泵按钮，并应有保护装置。

（5）稳压泵吸水管应设置明杆闸阀，稳压泵出水管应设置消声止回阀和明杆闸阀。

（6）消防水泵控制柜组件齐全、完好、符合安全要求。

（7）增（稳）压设施外观完好，组件齐全，功能正常，设置环境符合《消防给水及消火栓系统技术规范》（GB 50974—2014）要求。

3.4.2　消防增（稳）压设施典型问题及示范图例

消防增（稳）压泵典型问题：

（1）稳压泵控制柜未通电或处于手动状态；

（2）稳压泵控制柜标识缺失；

（3）稳压泵吸水管和出水管未设置明杆闸阀；

（4）气压水罐缺少压力表等。

错误示例

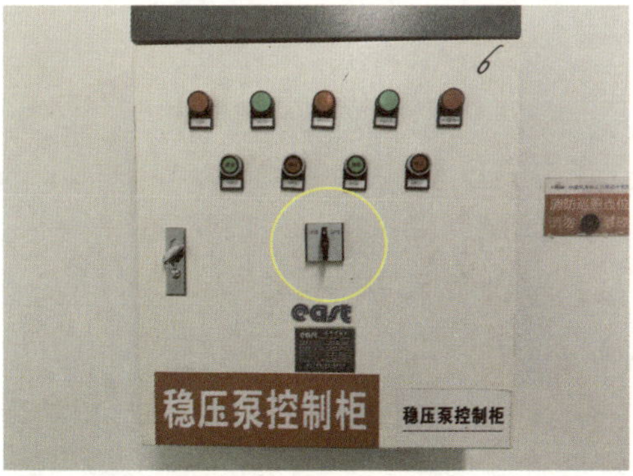

稳压泵控制柜未通电，
且处于手动状态

正确示范

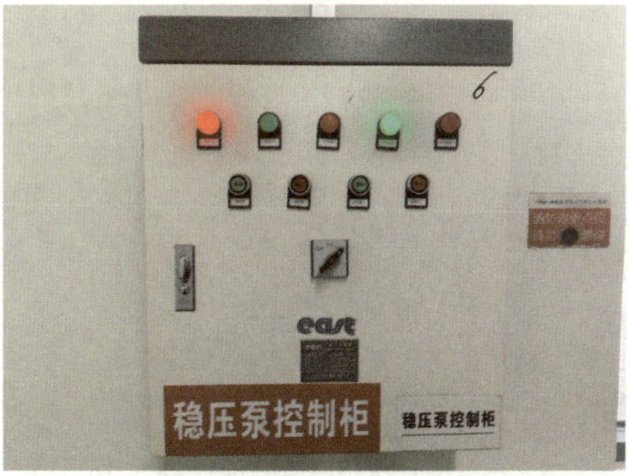

稳压泵控制柜正常供电，且控制
装置应处于自动状态

错误示例

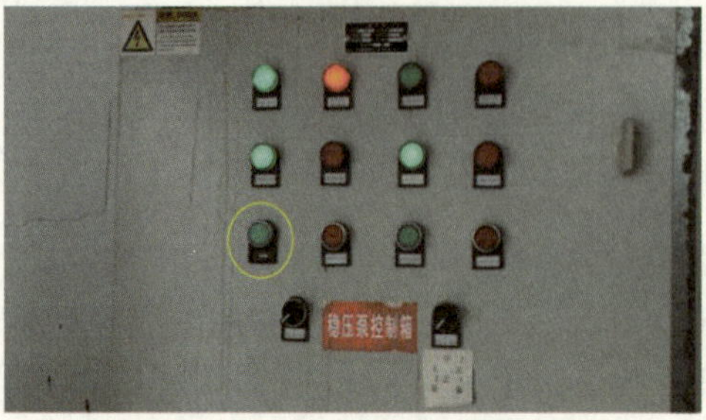

稳压泵控制柜标识缺失

正确示范

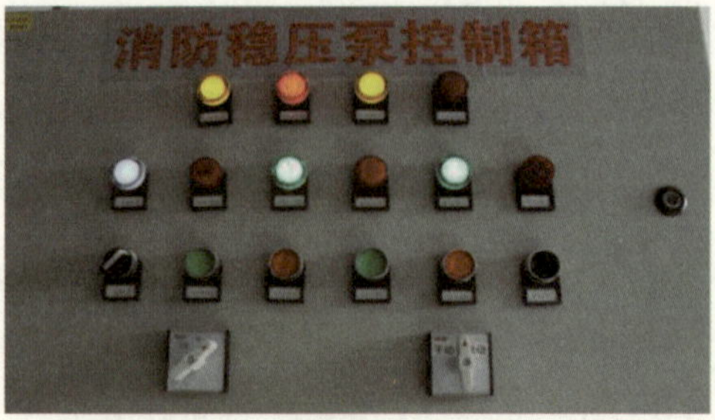

消防水泵控制柜组件齐全、完好、有控制标识、符合安全要求

错误示例

稳压泵吸水管和出水管上的阀门不是明杆闸阀

正确示范

稳压泵吸水管和出水管应设置明杆闸阀，且锁定在常开位置

错误示例

气压水罐缺少压力表

正确示范

气压水罐上应安装压力表

3.5 消防水泵接合器

3.5.1　消防水泵接合器管理规定

消防水泵接合器是消防方面配合水泵使用的设备，当发生火灾时，消防车的水泵可迅速方便地通过该接合器的接口与建筑物内的消防设备相连接，并送水加压，从而使室内的消防设备得到充足的压力水源，用以扑灭不同楼层的火灾，有效地解决建筑物发生火灾后，消防车灭火困难或因室内的消防设备问题得不到充足的压力水源无法实施灭火的问题。

（1）消防水泵接合器控制阀应处于常开位置。

（2）止回阀、安全阀、泄水阀、控制阀等部件齐全，接口完好，无渗漏，闷盖齐全。

（3）水泵接合器处应设置永久性标志铭牌。

（4）水泵接合器安装位置正确、合理。

3.5.2　消防水泵接合器典型问题及示范图例

消防水泵接合器典型问题：

（1）消防水泵接合器控制阀关闭；

（2）消防水泵接合器铭牌缺少供水范围和额定压力等。

错误示例

消防水泵接合器控制阀关闭

正确示范

消防水泵接合器控制阀应处于常开位置

错误示例

消防水泵接合器标识缺少供水范围和额定压力

正确示范

水泵接合器处应设置永久性标志铭牌，应注明供水系统、供水范围和额定压力，当有分区时应有分区标识

错误示例

地下消防水泵接合器井盖错误

正确示范

地下消防水泵接合器应采用铸有“消防水泵接合器”标志的铸铁井盖

3.6 室内消火栓

3.6.1　室内消火栓管理规定

室内消火栓给水系统是建筑物应用最广泛的一种消防设施，它既可供火灾现场人员使用消火栓箱内的消防水喉（又称消防软管卷盘）、水枪扑救初期火灾，也可供消防队员扑救建筑物的大火。室内消火栓实际上是室内消防给水管网向火场供水的带有专门接口的阀门，其进水端与消防管道相连，出水端与水带相连。

（1）室内消火栓的设置应符合《建筑设计防火规范》（GB 50016—2014）、《建筑防火通用规范》（GB 55037—2022）要求。

（2）进水控制阀应处于常开位置。

（3）金属消火栓箱门不应上锁。

（4）箱体安装平正、牢固，暗装的消火栓箱不应破坏隔墙的耐火性能，箱门开启灵活、无卡阻，开启角度不应小于 120°。箱门四周的装修材料颜色应与消火栓箱门的颜色有明显区别，或在消火栓箱门表面设置明显标志。消火栓箱门应有“消火栓”字样，“消火栓”“FIRE HYDRANT”应采用发光材料，中文字体高度不应小于 100 mm，宽度不应小于 80 mm。箱门的明显部位应用文字或图形标注耐久性操作说明。

（5）消火栓箱及箱内装配的部件齐全、外观完好、功能正常。

（6）同一建筑物内设置的消火栓、消防软管卷盘和轻便水龙应采用统一规格的栓口、消防水枪和水带及附件。

（7）消火栓栓口出水方向宜向下或与设置消火栓的墙面成 90°，栓口不应安装在门轴侧。

（8）消火栓的启闭阀门应平稳、灵活，旋转型消火栓应保证旋转可靠、无卡涩。

（9）应至少每季度对室内消火栓进行一次外观和漏水检查，并留有检查记录。

（10）设有室内消火栓的建筑应设置带有压力表的试验消火栓，且设置位置符合《消防给水及消火栓系统技术规范》（GB 50974—2014）要求。

（11）最不利点处的静水压力应符合 GB 50974 要求。

3.6.2 室内消火栓典型问题及示范图例

室内消火栓典型问题：

（1）消火栓进水控制阀处于关闭状态；

（2）消火栓箱门破损；

（3）消火栓箱内有杂物；

（4）消火栓栓口锈蚀、漏水，水枪、水带缺失，水带破损、未盘卷；

（5）室内消火栓栓口安装在门轴侧；

（6）旋转型消火栓卡阻；

（7）设有室内消火栓的建筑未设置带有压力表的试验消火栓；

（8）室内消火栓最不利点处的静水压力不符合要求等。

错误示例

消火栓进水控制阀处于关闭（扳手与管道垂直）状态

正确示范

消火栓进水控制阀应处于常开（扳手与管道平行）位置

错误示例

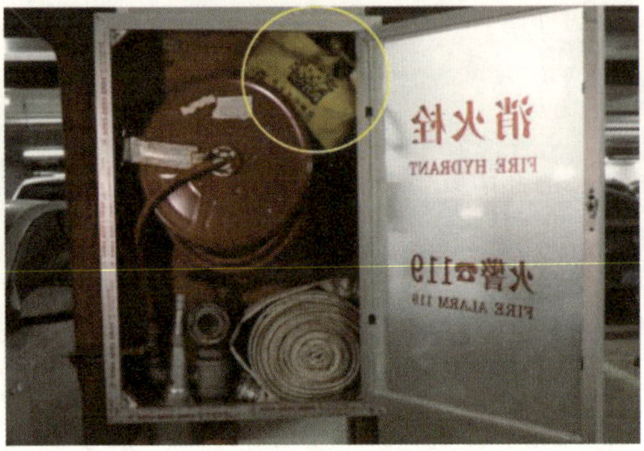

消火栓箱内有杂物

错误示例

消火栓箱门破损

错误示例

消火栓栓口锈蚀、水带破损

错误示例

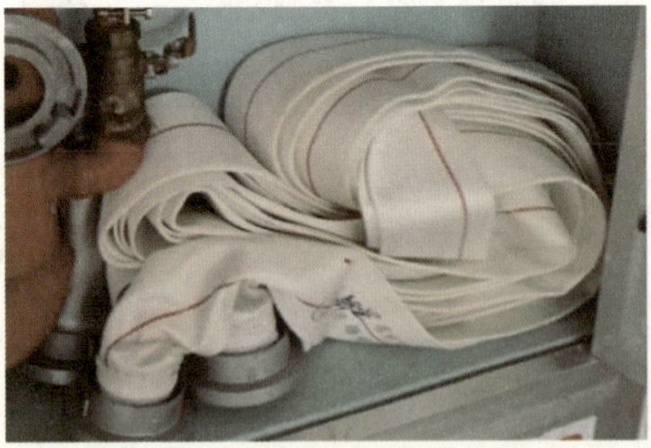

消火栓箱内水带未盘卷

错误示例

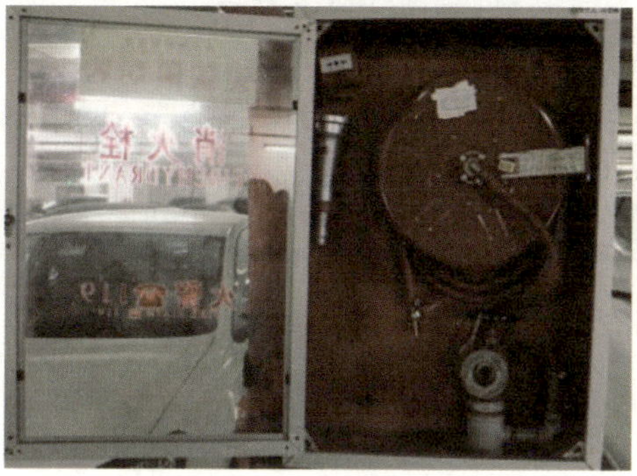

消火栓箱内水带缺失

正确示范

消火栓箱及箱内装配的部件齐全、外观完好、功能正常

错误示例

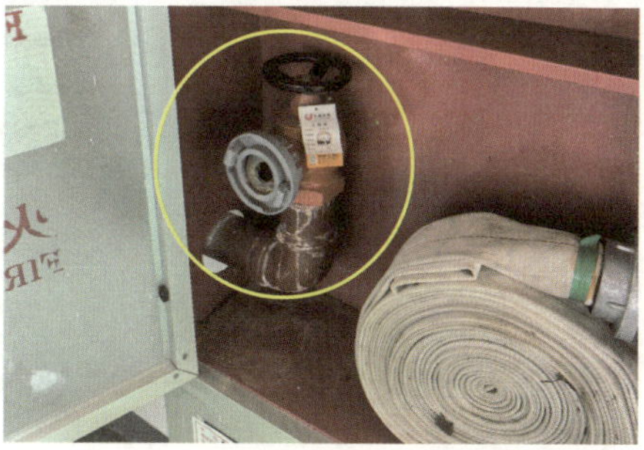

消火栓栓口安装在门轴侧

正确示范

消火栓栓口未安装在门轴侧

错误示例

旋转型消火栓卡阻

正确示范

旋转型消火栓应保证旋转可靠、无卡涩

错误示例

设有室内消火栓的建筑未设置试验消火栓

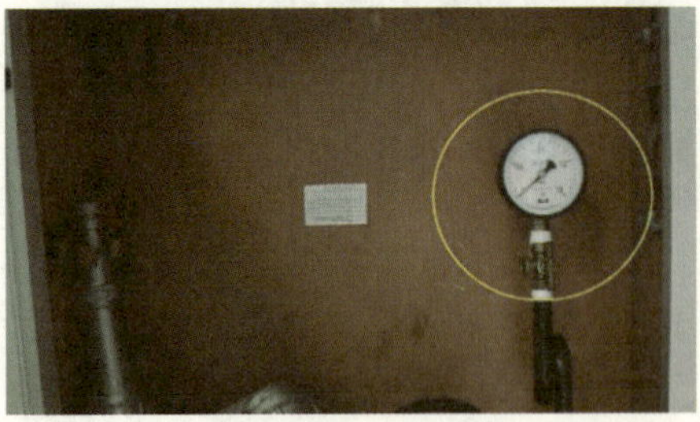

室内消火栓最不利点处的静水压力不符合要求

正确示范

设有室内消火栓的建筑应设置带有压力表的试验消火栓，且设置位置符合 GB 50974 要求

3.7 室外消火栓

3.7.1 室外消火栓管理规定

室外消火栓是设置在建筑物外面消防给水管网上的供水设施，主要供消防车从市政给水管网或室外消防给水管网取水实施灭火，也可以直接连接水带、水枪出水灭火，是扑救火灾的重要消防设施之一。

（1）室外消火栓的设置应符合《建筑设计防火规范》（GB 50016—2014）、《建筑防火通用规范》（GB 55037—2022）要求。

（2）进水控制阀应处于常开位置。

（3）室外消火栓压力、出流量应符合《消防给水及消火栓系统技术规范》（GB 50974—2014）要求。

（4）部件齐全、外观完好、功能正常。

（5）应至少每季度对室外消火栓进行一次外观和漏水检查，并留有检查记录。

（6）室外消火栓设置位置应符合 GB 50974 要求。

（7）地下式室外消火栓应设置永久性固定标志，安装位置正确、合理。

3.7.2 室外消火栓典型问题及示范图例

室外消火栓典型问题：

（1）室外消火栓锈蚀；

（2）地下室外消火栓井内有积水、杂物；

（3）室外消火栓闷盖缺失等。

错误示例

室外消火栓锈蚀

正确示范

室外消火栓栓体无锈蚀，
外表油漆无脱落

错误示例

地下室外消火栓井内有积水

正确示范

消火栓周围及井内应无积水、杂物等

错误示例

室外消火栓闷盖缺失

正确示范

室外消火栓应无闷盖、橡胶垫圈等损坏、老化或丢失的情况

第4章

自动喷水灭火系统

自动喷水灭火系统是一种常见的消防设施，广泛应用于工业和民用建筑中。自动喷水灭火系统由喷头、报警阀组、水流报警装置（水流指示器或压力开关）、管道系统和供水设施等组成，能够在火灾初期自动启动，有效控制火势蔓延和降低火灾损失。

4.1 消防喷头

4.1.1 消防喷头管理规定

消防喷头是在热的作用下，按预定的温度范围自行启动，或根据火灾信号由控制设备启动，并按设计的洒水形状和流量洒水灭火的一种喷头。是喷淋系统的一部分。

喷头应按《自动喷水灭火系统设计规范》（GB 50084—2017）设置，型号正确，布置正确，安装方式正确，外观完好，无破损、变形、遮挡、异物、渗漏、锈蚀等现象。

4.1.2 消防喷头典型问题及示范图例

消防喷头典型问题：喷头破损，装饰盘脱落、被涂覆等。

错误示例

喷头破损

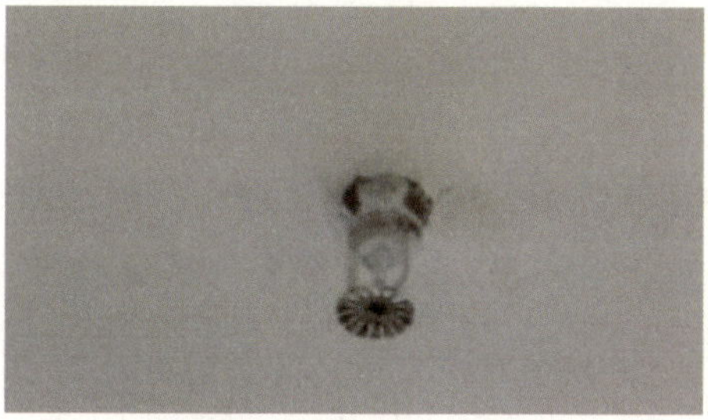

喷头装饰盘脱落、被涂覆

正确示范

喷头应外观完好，无破损、变形、遮挡、异物、渗漏、锈蚀等现象

4.2 报警阀组

4.2.1 报警阀组管理规定

自动喷水灭火系统报警阀组一般分为湿式报警阀组、干式报警阀组、预作用报警阀组、雨淋报警阀组。

（1）报警阀组应处于伺应状态。

（2）部件齐全、外观完好、功能正常。

（3）报警阀组应设置注明系统名称、保护区域的标识牌。

（4）报警阀组的部位应设有排水设施。

（5）连接报警阀进出口的控制阀应为信号阀。当不采用信号阀时，控制阀应设锁定阀位的锁具。

（6）水力警铃应设置在有人值班的地点附近或公共通道的外墙上。

（7）启动报警，水力警铃报警正常，压力开关动作正常。

4.2.2 报警阀组典型问题及示范图例

报警阀组典型问题：

（1）报警阀控制阀处于关闭状态；

（2）报警阀组报警管路控制阀处于关闭状态；

（3）报警阀组报警管路过滤器安装错误；

（4）供水侧和系统侧压力表压差过大；

（5）报警阀组未设置注明系统名称、保护区域的标识牌；

（6）水力警铃未设置在有人值班的地点附近或公共通道的外墙上；

（7）水力警铃声强度低于 70 dB。

错误示例

报警阀后的控制阀处于关闭状态

正确示范

报警阀阀前和阀后的控制阀均应处于完全开启状态，锁定在常开位置

错误示例

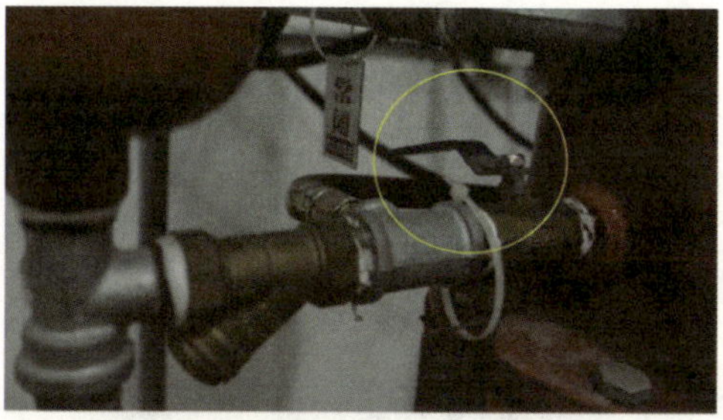

报警管路控制阀处于关闭状态

正确示范

报警管路控制阀均应处于完全开启状态

错误示例

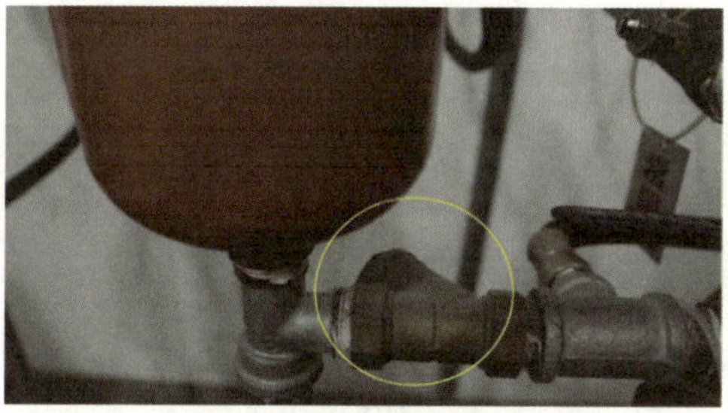

报警阀组过滤器安装错误

正确示范

报警阀组过滤器应安装正确

错误示例

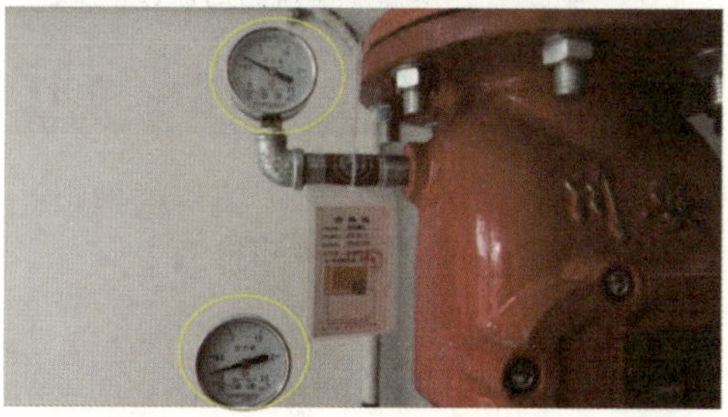

湿式报警阀组供水侧压力表和系统侧压力表读数相差较大

正确示范

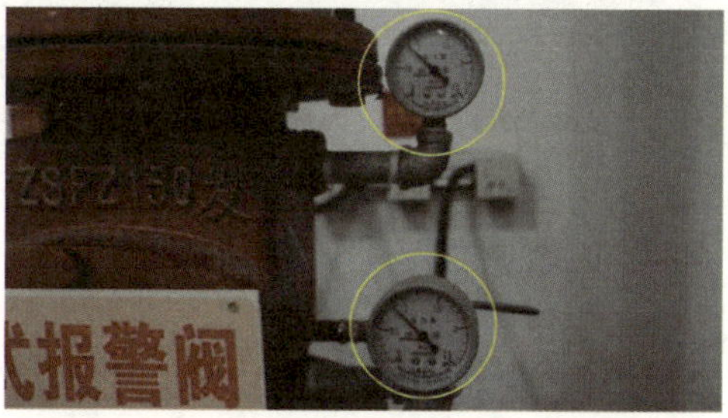

湿式报警阀组供水侧压力表和系统侧压力表读数应基本一致

错误示例

报警阀组未设置注明系统名称、保护区域的标识牌

正确示范

报警阀组应设置注明系统名称、保护区域的标识牌

错误示例

水力警铃未设置在有人值班的地点附近或公共通道的外墙上

正确示范

水力警铃应设置在有人值班的地点附近或公共通道的外墙上

4.3 水流指示器

4.3.1 水流指示器管理规定

水流指示器是自动喷水灭火系统的组成部分，利用喷淋管网内水的流动推动叶片，触动微动开关，从而将水流信号转换成电信号与控制器连接，以启动火灾自动报警系统的一种报警装置，可用于检测自动喷淋系统运行及确定火灾发生的区域。

（1）设置自动喷水灭火系统的每个防火分区或每个楼层均应设水流指示器。

（2）应有明显标识。

（3）水流指示器及控制阀应外观完好，无破损、泄漏、锈蚀现象。

（4）当水流指示器入口前设置控制阀时，应采用信号阀，并能正常反馈信号。

4.3.2 水流指示器典型问题及示范图例

水流指示器典型问题：水流指示器未设置标识。

错误示例

水流指示器未设置标识

正确示范

水流指示器应设置明显标识

4.4 末端试水装置

4.4.1 末端试水装置管理规定

末端试水装置，安装在系统管网最不利点喷头处，具有检验系统启动、报警及联动等功能。

（1）闭式系统每个报警阀组控制的最不利点洒水喷头处应设末端试水装置，其他防火分区、楼层均应设置试水阀。

（2）末端试水装置和试水阀应外观完好、部件齐全、功能正常，且有明显标识。

（3）末端试水装置和试水阀应采取不被他用的措施。

（4）末端试水装置应采取孔口出流的方式出水。

（5）设置末端试水装置或试水阀部位应采取有效的排水措施。

（6）末端试水装置处静水压力符合《消防给水及消火栓系统技术规范》（GB 50974—2014）要求。

4.4.2 末端试水装置典型问题及示范图例

末端试水装置典型问题：

（1）末端试水装置和试水阀未设置明显标识；

（2）末端试水装置和试水阀未采取不被他用的措施；

（3）末端试水装置、试水阀部位未采取有效的排水措施等。

错误示例

末端试水装置未设置标识

末端试水装置未采取不被他用的措施

正确示范

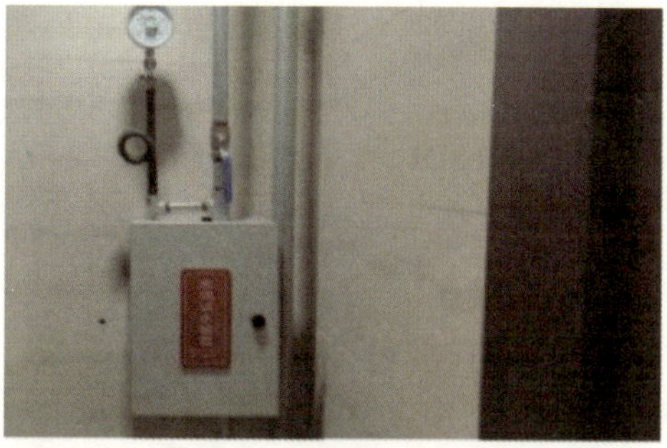

末端试水装置有明显标识并采取不被他用的措施

第5章

气体灭火系统

5.1 气体灭火系统概述

5.1.1 气体灭火系统的分类

气体灭火系统主要用在不适于设置水灭火系统等其他灭火系统的环境中，例如计算机机房、重要的图书馆、档案馆、移动通信基站（房）、UPS 室、电池室和一般的柴油发电机房等。

气体灭火系统是指灭火剂平时以液体、液化气体或气体状态储存于压力容器内，灭火时以气体（包括蒸气、气雾）状态喷射作为灭火介质的灭火系统。

按灭火剂储存压力可分为高压系统和中低压系统。

按保护范围可分为全淹没灭火系统和局部应用灭火系统。

按灭火剂输送途径可分为管网灭火系统、柜式灭火系统、悬挂式灭火系统三种。

按气体灭火剂输送压力的来源及形式可分为内贮压式灭火系统、外贮压式灭火系统、自压式气体灭火系统。

按使用的灭火剂分类，常见的有二氧化碳灭火系统、七氟丙烷灭火系统、惰性气体灭火系统。

5.1.2 气体灭火系统通用管理规定

（1）气体灭火系统应处于伺应状态。

（2）防护区入口处应设火灾声、光报警器和灭火剂喷放指示灯以及相应灭火系统的永久性标志牌，且外观完好，功能正常。

（3）防护区应有保证人员在 30 s 内疏散完毕的通道和出口。

（4）防护区内的疏散通道及出口，应设应急照明与疏散指示标志，防护区内应设火灾声报警器（必要时，可增设闪光报警器），且外观完好，功能正常。

（5）防护区的门应向疏散方向开启，并能自行关闭；用于疏散的门必须能从防护区内打开。

（6）全淹没气体灭火系统防护区应封闭。

（7）灭火系统的手动与应急操作应有防止误操作的警示显示与措施。

（8）各组件应满足《气体灭火系统设计规范》（GB 50370—2005）、《气体灭火系统施工及验收规范》（GB 50263—2007）要求，安装牢固。

（9）储存装置上应设耐久的固定铭牌，并应标明每个容器的编号、溶剂、皮重、灭火剂名称、充装量、充装日期和充装压力等。

（10）气体灭火系统气瓶应定期进行检验，不得超过报废年限。

（11）设有气体灭火系统的场所，应按建筑物（栋）、储存间或楼层为单元配置两套空气呼吸器或氧气呼吸器，设置气体灭火系统的部门相关责任人员应熟练掌握其使用方法。

（12）气体灭火系统的手动或自动控制方式的工作状态、气体灭火控制器直接连接的火灾探测器报警信号、选择阀的动作信号、压力开关的动作信号等，应能反馈至消防联动控制器。

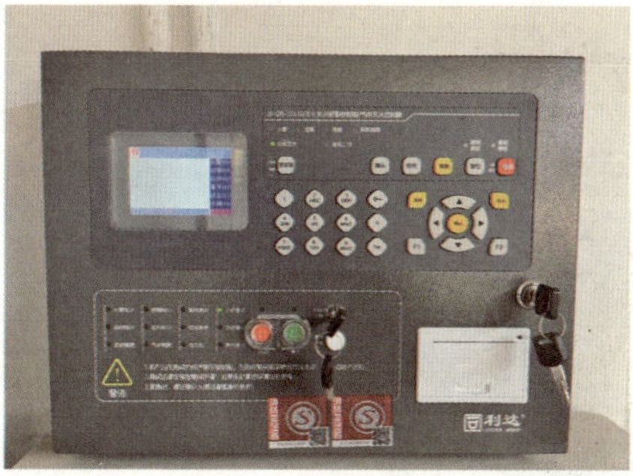

气体灭火控制器

消防气体灭火装置

5.1.3 管网灭火系统管理规定

（1）管网灭火系统应具有自动控制、手动控制和机械应急操作的启动方式，且设置位置正确。

（2）储瓶间的门应向外开启，设应急照明，有良好的通风；地下储瓶间应设机械排风装置，排风口应设在下部，可通过排风管排出室外。

（3）部件齐全、外观完好、功能正常。

（4）驱动气瓶上应有表明驱动介质名称、对应防护区或保护对象名称的永久性标志，并应便于观察。

（5）选择阀应设置标明其工作防护区或保护对象的永久性铭牌，并应便于观察。

（6）机械应急启动装置保险销齐全、铅封完好。

管网灭火系统

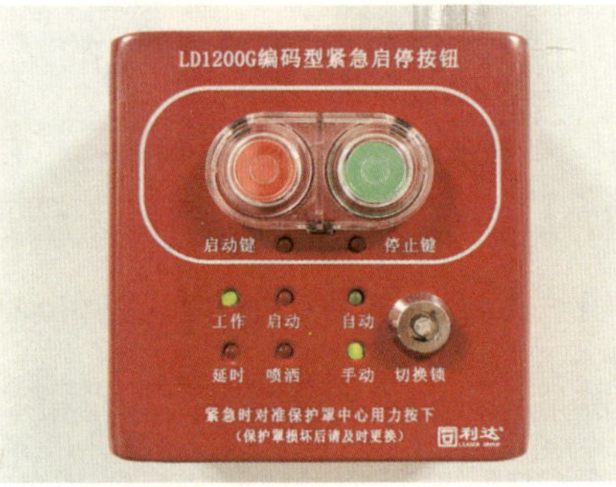

紧急启停按钮

七氟丙烷灭火系统

5.1.4 预制气体灭火系统的管理规定

（1）预制气体灭火系统应具有自动控制和手动控制的启动方式，且设置位置正确。

（2）部件齐全、外观完好、功能正常。

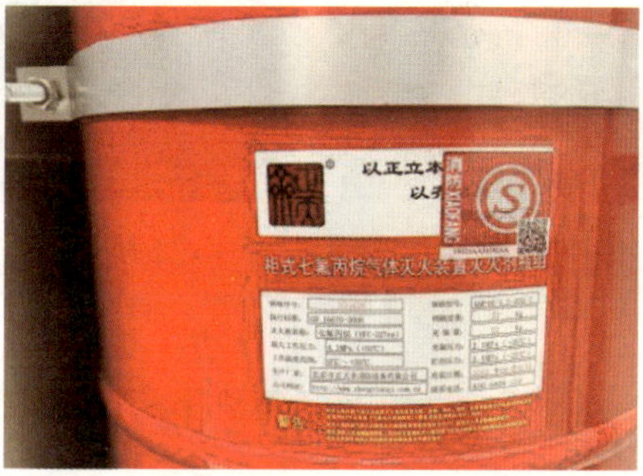

预制气体灭火系统外观图

5.2 气体灭火系统典型问题及示范图例

气体灭火系统典型问题：

（1）电磁阀未安装；

（2）安装调试用安全销未拔；

（3）气体灭火防护区内未设置应急照明和疏散指示标志；

（4）气体灭火防护区的疏散门未向疏散方向开启或不能自行关闭；

（5）手动控制装置、手动与自动转换装置未设在防护区疏散出口的门外便于操作的地方；

（6）未按要求配置空气呼吸器或氧气呼吸器等；

（7）选择阀未设置标明其工作防护区或保护对象的永久性铭牌等。

错误示例

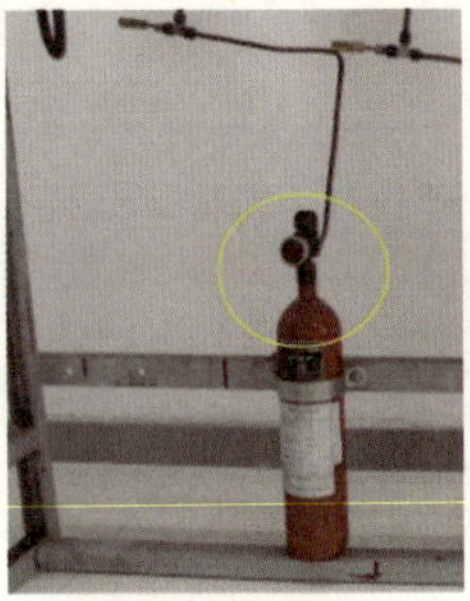

电磁阀未安装

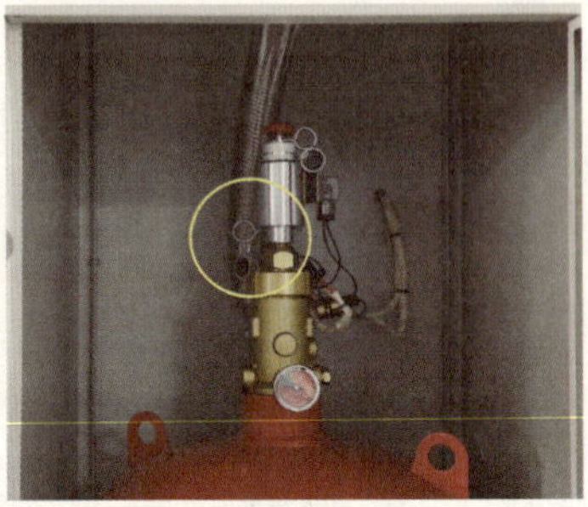

安装调试用安全销未拔

正确示范

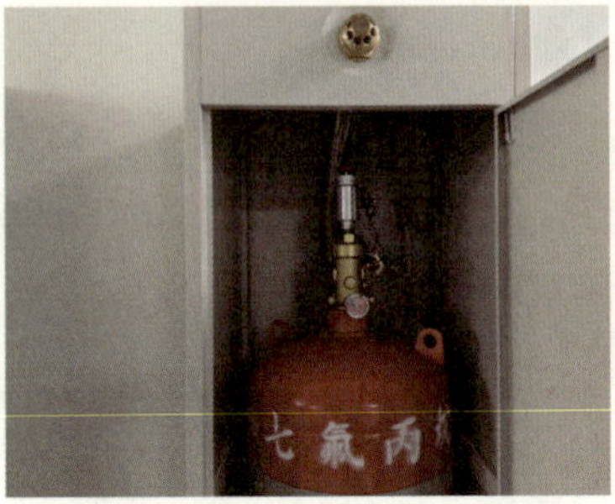

气体灭火系统应处于伺应状态

错误示例

气体防护区内未设置应急照明

正确示范

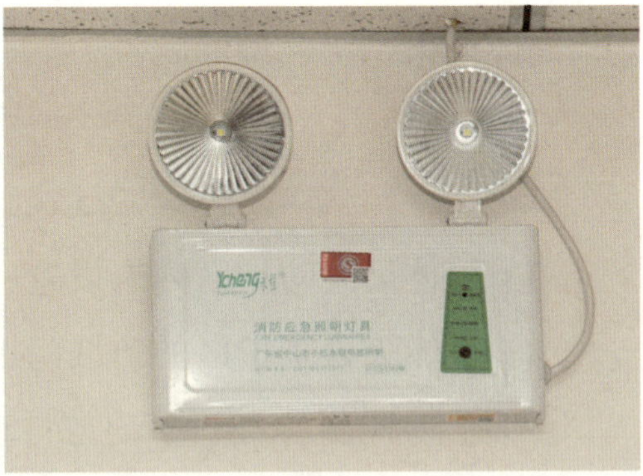

气体防护区内应设置应急照明

错误示例

设有气体灭火系统的场所未配置空气呼吸器或氧气呼吸器

正确示范

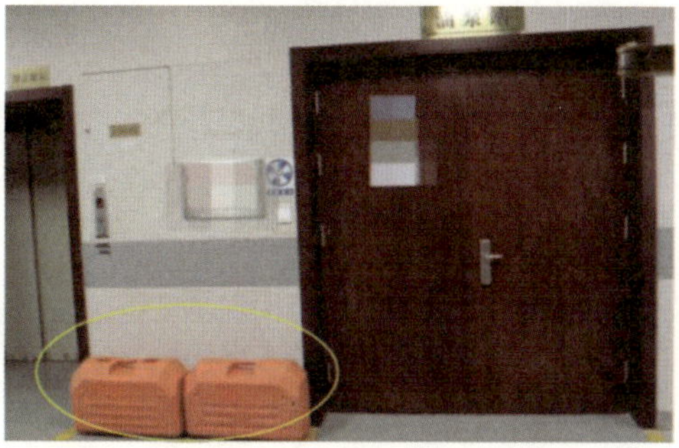

设有气体灭火系统的场所，应按建筑物（栋）、储存间或楼层为单元配置两套空气呼吸器或氧气呼吸器

错误示例

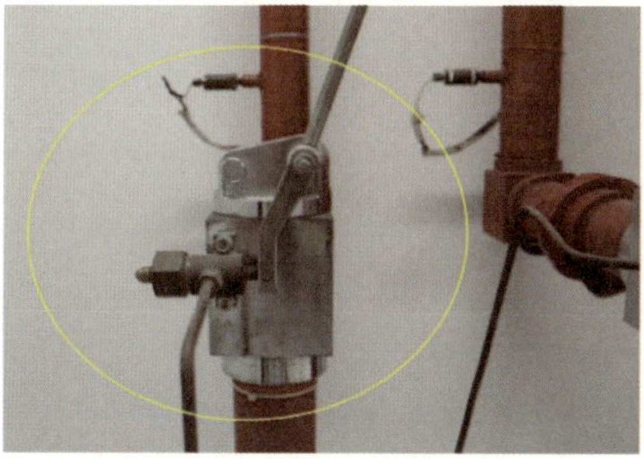

选择阀未设置标明其工作防护区或保护对象的永久性铭牌

正确示范

选择阀应设置标明其工作防护区或保护对象的永久性铭牌，并应便于观察

第6章

建筑防烟排烟系统

6.1 建筑防烟排烟系统管理规定

防烟排烟系统是防烟系统和排烟系统的总称。防烟系统是采用机械加压送风方式或自然通风方式，防止烟气进入疏散通道的系统；排烟系统是采用机械排烟方式或自然通风方式，将烟气排至建筑物外的系统。

（1）相关部位应按照《建筑设计防火规范》（GB 50016—2014）、《建筑防火通用规范》（GB 55037—2022）要求采取防烟措施。

（2）建筑防烟设施应处于伺应状态。

（3）机械加压送风系统的风量、风压、风速应符合《建筑防烟排烟系统技术标准》（GB 51251—2017）要求。

（4）设置机械加压送风系统的场所，楼梯间应设置常开送风口（宜每隔 2~3 层设一个）。

（5）设置机械加压送风系统的场所，前室应设置常闭送风口，并应能自动开启和手动开启。

（6）送风机的进风口与排烟风机的出风口应按 GB 51251 要求，分开设置，且竖向布置时，送风机的进风口应设置在排烟口的下方，其两者边缘最小垂直距离不应小于 6.0 m，水平布置时，两者边缘最小水平距离不应小于 20.0 m。

（7）送风机及其控制柜应组件齐全、完好、符合安全要求。

（8）相关场所和部位应按照 GB 50016、GB 55037 要求采取排烟等烟气控制措施。

（9）建筑排烟设施应处于伺应状态。

（10）机械排烟系统的风量、风速应符合 GB 51251 要求。

（11）同一防烟分区应采用同一种排烟方式。

（12）排烟口或排烟阀应常闭，并能自动开启和手动开启。

（13）排烟口距可燃物或可燃构件的距离不应小于 1.5 m。

（14）火灾时由火灾自动报警系统联动开启排烟区域的排烟阀或排烟口，应在现场设置手动开启装置。排烟阀或排烟口的手动驱动装置应固定安装在明显可见、距楼地面 1.3~1.5 m 便于操作的位置，手动驱动装置应操作灵活、外观完好、功能正常。

（15）排烟风机应与风机入口处的排烟防火阀连锁，当该阀关闭时，排烟风机应能停止运转。

（16）排烟风机及其控制柜应组件齐全、完好、符合安全要求。

（17）防烟、排烟系统中的送风口、排风口、排烟防火阀、送风风机、排烟风机、固定窗等应设置明显永久标识。

（18）应能通过消防联动控制器手动控制送风口、电动挡烟垂壁、排烟口、排烟窗、排烟阀的开启和关闭及送风机、排烟风机等设备的启动和停止。

（19）应由消防控制室消防联动控制器的手动直接控制装置，直接手动控制送风机、排烟机的启动、停止，并反馈启、停信号。

（20）送风口、排烟口、排烟窗或排烟阀开启和关闭的动作信号，送风机、排烟风机、补风机启动和停止及电动防火阀关闭的动作信号，均应反馈至消防联动控制器。

6.2 建筑防烟排烟系统典型问题及示范图例

建筑防烟排烟系统典型问题：

（1）送风机、排烟风机风向错误；

（2）送风机、排烟风机控制柜处于手动状态；

（3）风量、风压、风速严重不足；

（4）送风机、排烟风机故障；

（5）楼梯间送风口未处于常开状态；

（6）排烟口不能自动或手动开启；

（7）送风机的进风口与排烟风机的出风口水平布置时，两者边缘最小水平距离小于 20.0 m；

（8）排烟防火阀故障；

（9）送风口、排风口、排烟防火阀、送风风机、排烟风机未设置标识等。

错误示例

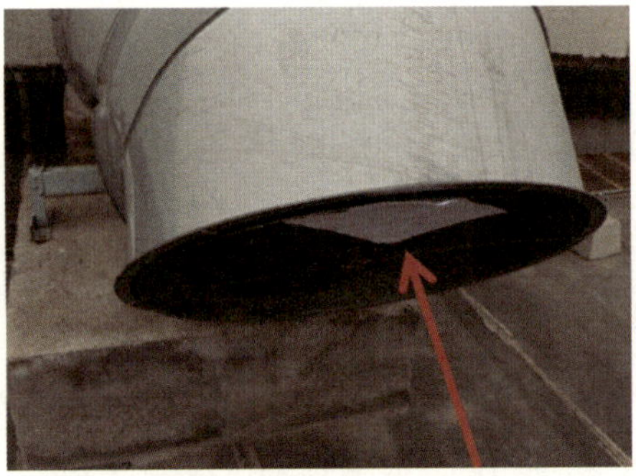

排烟风机排风方向错误

正确示范

建筑排烟设施应安装正确，
且处于伺应状态

错误示例

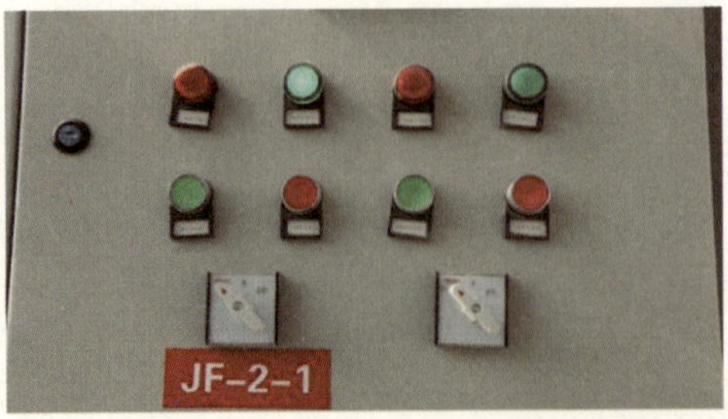

排烟风机控制柜处于手动状态

正确示范

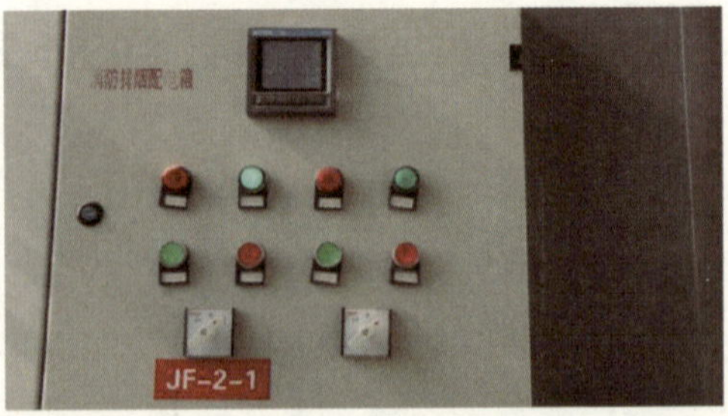

排烟风机控制柜应处于自动状态

错误示例

送风机的进风口与排烟风机的出风口水平布置时，
两者边缘最小水平距离小于 20.0 m

正确示范

送风机的进风口与排烟风机的出风口应分开设置，且竖向布置时，送风机的进风口应设置在排烟口的下方，其两者边缘最小垂直距离不应小于 6.0 m，水平布置时，两者边缘最小水平距离不应小于 20.0 m

错误示例

风机入口处的排烟防火阀
故障

正确示范

排烟风机应与风机入口处的排烟
防火阀连锁，排烟防火阀应设置正确、
功能正常

错误示例

排烟风机未设置标识

正确示范

排烟风机应设置明显永久标识

错误示例

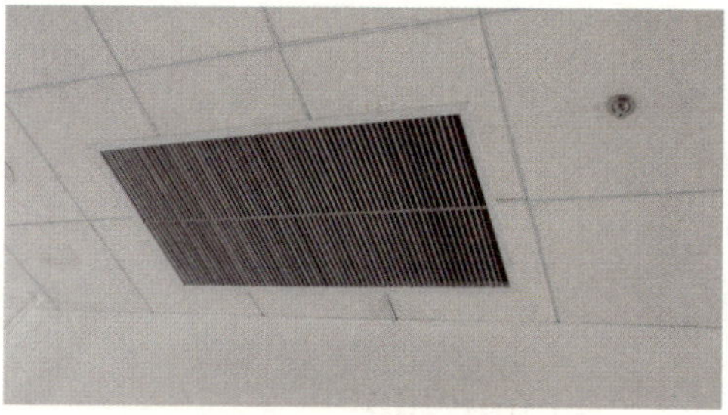

排烟口未设置标识

正确示范

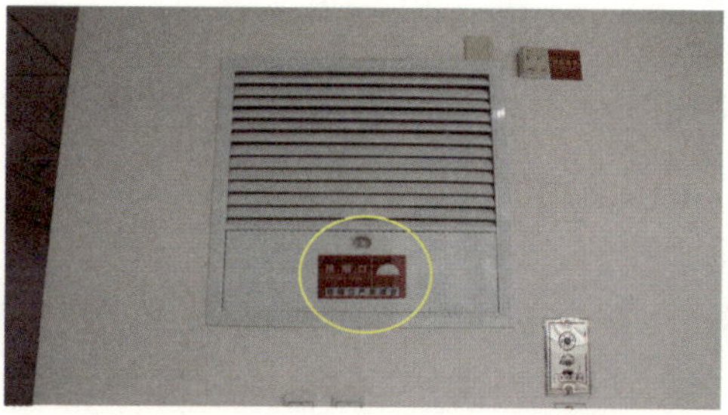

排烟口应设置明显永久标识

错误示例

送风口未设置标识

正确示范

送风口应设置明显永久标识

第7章

消防应急照明和疏散指示系统

7.1 消防应急照明和疏散指示系统管理规定

消防应急照明和疏散指示系统是一种辅助人员安全疏散和消防作业的消防系统，其主要功能是在火灾等紧急情况下，为人员安全疏散和灭火救援行动提供必要的照度条件和正确的疏散指示信息。

（1）消防应急照明和疏散指示系统应设置正确且处于完好状态。

（2）应急灯具应牢固安装在不燃性墙体或不燃性装修材料上，不应安装在门、窗或其他可移动的物体上。

（3）应急灯具安装后不应对人员正常通行产生影响，灯具周围应无遮挡物，并应保证灯具上的各种状态指示灯易于观察。

（4）高危场所灯具光源应急点亮的响应时间不应大于 0.25 s，其他场所不应大于 5 s。

（5）建筑内消防应急照明和灯光疏散指示标志的备用电源的连续供电时间应符合《建筑设计防火规范》（GB 50016—2014）、《建筑防火通用规范》（GB 55037—2022）要求。

（6）建筑内相关部位应按要求设置消防应急照明，且照度符合《消防应急照明和疏散指示系统技术标准》（GB 51309—2018）要求。

（7）建筑内相关部位应按要求设置备用照明，其作业面的最低照度不应低于正常照明的照度。

（8）建筑内相关部位应按要求设置灯光疏散指示标志。

（9）出口标志灯的设置位置应符合 GB 51309 要求。

（10）方向标志灯的设置位置应符合 GB 51309 要求。

（11）楼梯间每层应设置指示该楼层的标识。

7.2 消防应急照明和疏散指示系统典型问题及示范图例

消防应急照明和疏散指示系统典型问题：

（1）消防应急照明、疏散指示标志未牢固安装；

（2）疏散楼梯（间）未设置消防应急照明；

（3）送风机房、排烟机房等场所未设置备用照明等；

（4）消防应急照明、疏散指示标志故障；

（5）用蓄光型指示标志灯具替代消防应急标志灯具；

（6）直通室外疏散门的上方、直通上人屋面的疏散门的上方未设置出口标志灯；

（7）安全出口或疏散门在疏散走道侧边时，未在疏散走道上方增设指向安全出口或疏散门的方向指示灯等。

错误示例

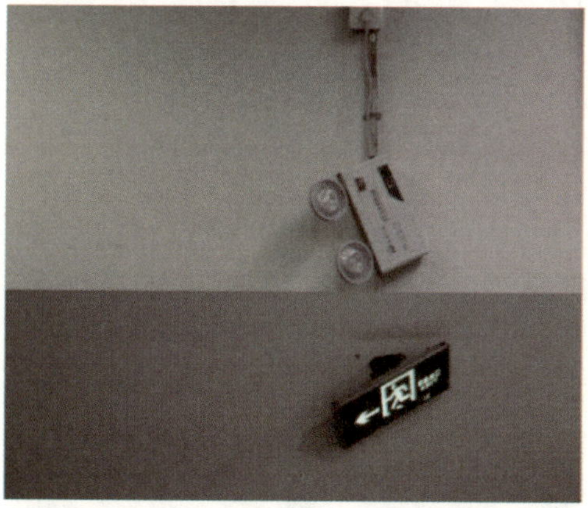

消防应急照明灯具未牢固安装

正确示范

应急灯具应牢固安装在不燃性墙体或不燃性装修材料上，不应安装在门、窗或其他可移动的物体上

错误示例

封闭楼梯间未设置消防应急照明

正确示范

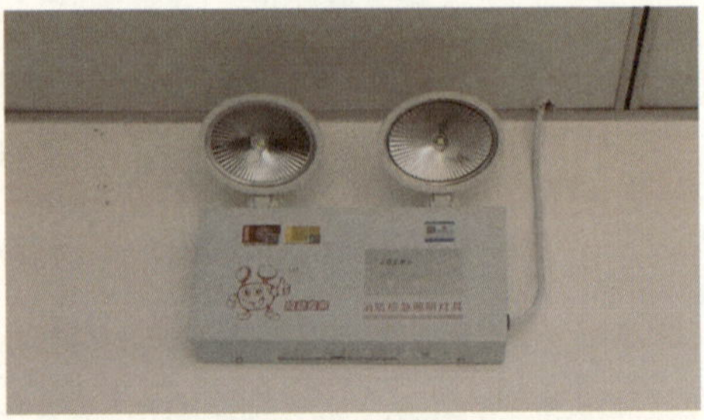

建筑内相关部位应按要求设置消防应急照明，且照度符合 GB 51309 要求

错误示例

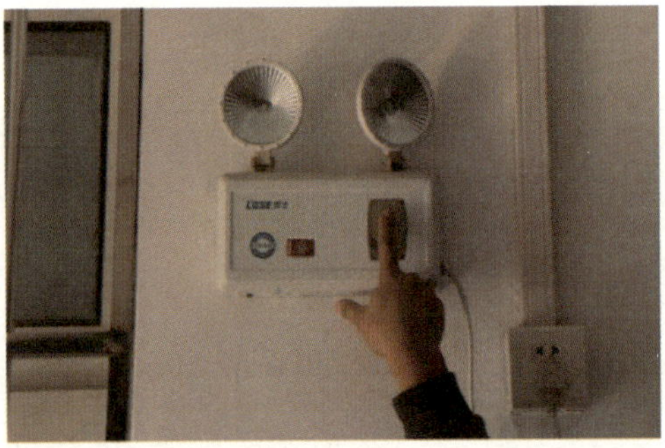

消防应急照明故障

正确示范

消防应急照明应设置正确且处于完好状态

错误示例

直通室外疏散门的上方未设置出口标志灯

正确示范

直通室外疏散门的上方应设置出口标志灯

错误示例

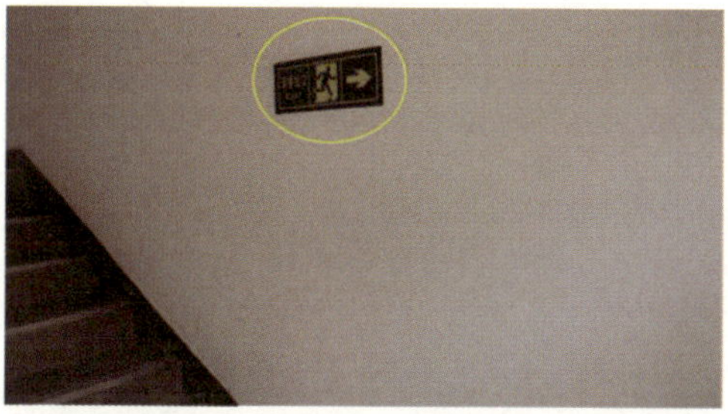

建筑内设置蓄光型指示标志

正确示范

不得用蓄光型指示标志灯具替代消防应急标志灯具

错误示例

安全出口方向标志灯方向错误

正确示范

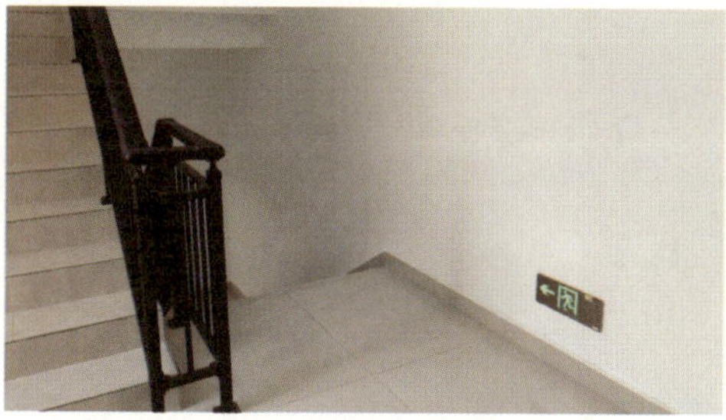

安全出口方向标志灯方向应设置正确

错误示例

安全出口标志灯故障

正确示范

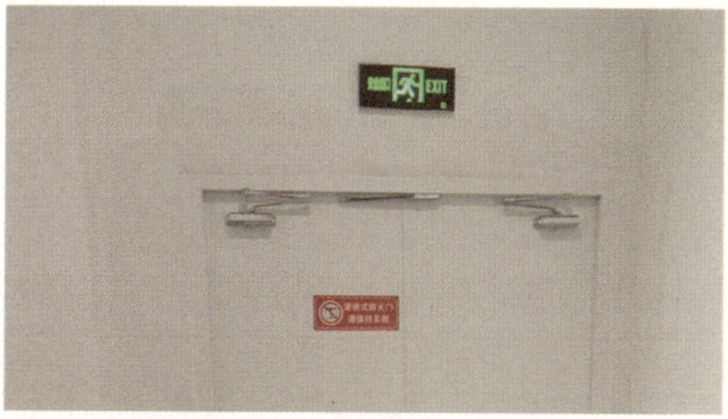

安全出口标志灯应处于完好状态

第 8 章

灭火器

8.1 灭火器管理规定

灭火器是一种可携式灭火工具。灭火器内放置化学物品，通过喷射灭火剂来扑灭火灾。

灭火器的种类很多，按其移动方式可分为手提式和推车式；按驱动灭火剂的动力来源可分为储气瓶式、储压式、化学反应式；按所充装的灭火剂则又可分为泡沫、干粉、卤代烷、二氧化碳、清水等类型。

（1）灭火器的配置数量应满足《建筑灭火器配置设计规范》（GB 50140—2005）、《消防设施通用规范》（GB 55036—2022）要求，且功能正常，未达到报废要求。

（2）灭火器外观完好，符合《建筑灭火器配置验收及检查规范》（GB 50444—2008）要求。

（3）灭火器应每年至少进行一次维修检测，并未达到报废期限。

（4）灭火器的配置应符合 GB 50140 要求，与该被保护场所的火灾类别、危险等级相符。

（5）灭火器应设置在位置明显和便于取用的地点，且不应影响人员安全疏散。当确需设置在有视线障碍的设置点时，应设置指示灭火器位置的醒目标志。

（6）一个计算单元内配置的灭火器数量应经计算确定且不应少于 2 具。

（7）特殊配置场所保护措施完好、有效。

（8）应定期对灭火器的配置及外观进行检查，并留有检查记录。

（9）推车式灭火器行驶机构完好。

（10）推车式灭火器不得设置在台阶上，在没有外力作用下，推车式灭火器不得自行滑动。

（11）灭火器箱不应被遮挡、上锁或拴系。

（12）灭火器箱外观应无明显缺陷和机械损伤。

（13）灭火器箱的箱门开启应方便灵活，开启角度符合要求。

8.2 灭火器典型问题及示范图例

灭火器典型问题：

（1）灭火器铅封缺失、变形、锈蚀；

（2）灭火器压力指示器指针位于红区；

（3）灭火器设置位置不便于取用；

（4）灭火器未按要求每年至少进行一次维修检测；

（5）灭火器超出报废期限；

（6）地下灭火器未按要求每半月进行一次检查；

（7）未见灭火器检查记录等。

错误示例

灭火器锈蚀严重

正确示范

灭火器筒体应无明显的损伤（磕伤、划伤）、缺陷、锈蚀（特别是筒底和焊缝）、泄漏

错误示例

灭火器压力指示器指针位于红区

正确示范

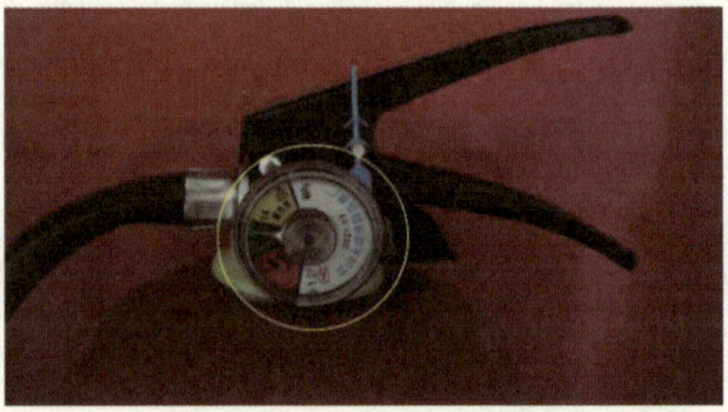

灭火器压力指示器指针应在绿色范围内

错误示例

灭火器未做到每年至少进行一次维修检测

正确示范

灭火器应每年至少进行一次维修检测，并未达到报废期限

错误示例

灭火器铭牌破损

正确示范

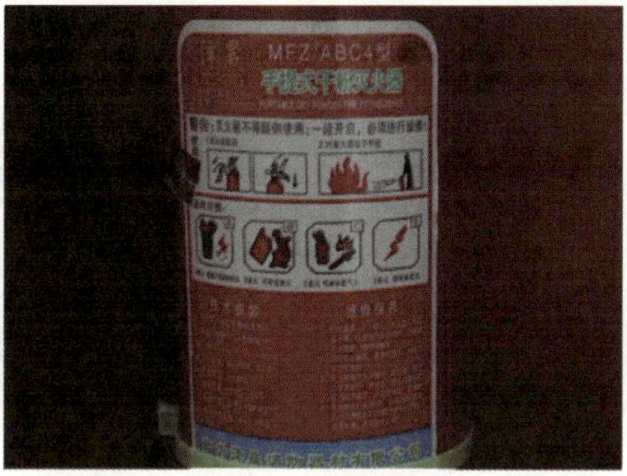

灭火器铭牌完好，铭牌上关于灭火剂、驱动气体的种类、充装压力、总质量、灭火级别、制造厂名和生产日期、维修日期标志及操作说明等内容齐全

错误示例

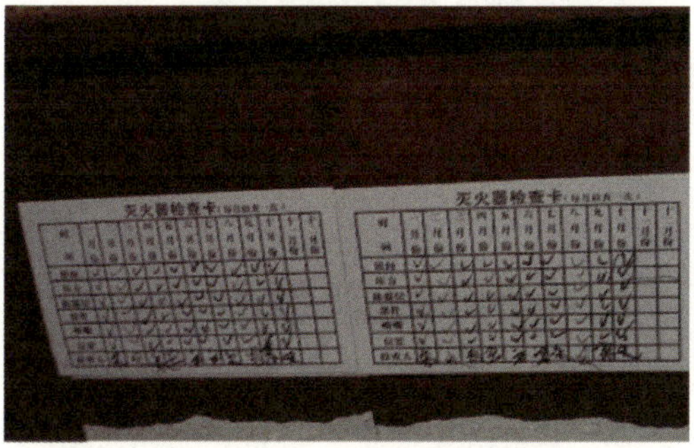

地下室灭火器未做到每半月进行一次检查

正确示范

灭火器检查表

编号:		分布区域:			责任人:		
日期 / 检查项目	压力是否正常	销扣是否良好	皮管是否良好	是否超过期限	是否有阻碍物	柄/筒是否良好	检查人
年 月 日							
月 日							
月 日							
月 日							
月 日							
月 日							
月 日							
月 日							
月 日							
月 日							

灭火器的配置、外观等应按要求每月进行一次检查。地下室、锅炉房、加油站、堆场、罐区、石油化工装置区、歌舞娱乐放映游艺等场所应按要求每半月进行一次检查（注：各单位应根据实际情况编制灭火器检查表）

错误示例

灭火器铅封缺失

正确示范

灭火器的铅封、销闩等保险装置处于完好状态

错误示例

灭火器箱锈蚀严重

灭火器箱存在机械损伤

正确示范

灭火器箱外观应无明显缺陷和机械损伤

》第 9 章《

防火分隔设施

9.1 防火门

防火门是指在一定时间内能满足耐火稳定性、完整性和隔热性要求的门，通常设置在防火分区间、疏散楼梯间、垂直竖井等位置。

9.1.1 防火门管理规定

（1）防火门应设置正确且处于完好状态。

（2）建筑内相关部位应按《建筑设计防火规范》（GB 50016—2014）和《建筑防火通用规范》（GB 55037—2022）设置符合要求的防火门。

（3）常闭防火门应在其明显位置设置“保持防火门关闭”等提示标识。

（4）防火门的门框、门扇及各配件应齐全、完好，表面平整、光洁，并无明显凹痕或机械损伤。

（5）防火门应安装正确、功能正常，并符合《防火卷帘、防火门、防火墙施工及验收规范》（GB 50877—2014）要求。

9.1.2 防火门典型问题及示范图例

防火门典型问题：

（1）消防水泵房、消防控制室等场所未采用防火门与其他部位或区域分隔；

（2）室内通向室外疏散楼梯的疏散门未采用防火门；

（3）防火门未设置“保持防火门关闭”提示标识；

（4）防火门密封条破损；

（5）防火门未设置闭门器、顺序器或损坏；

（6）常闭式防火门处于常开状态等。

错误示例

消防控制室未采用防火门与其他部分或区域分隔

正确示范

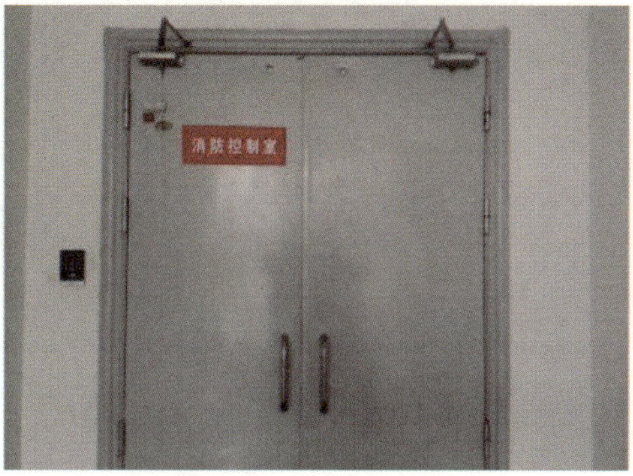

消防控制室应采用防火门与其他部位或区域分隔

错误示例

常闭式防火门处于常开状态

正确示范

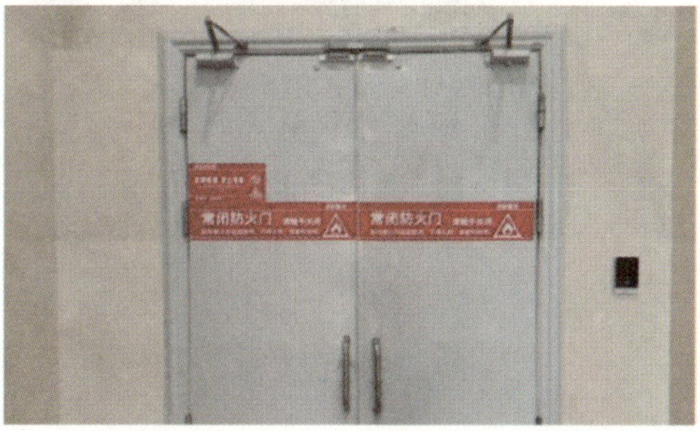

常闭式防火门应处于关闭状态

错误示例

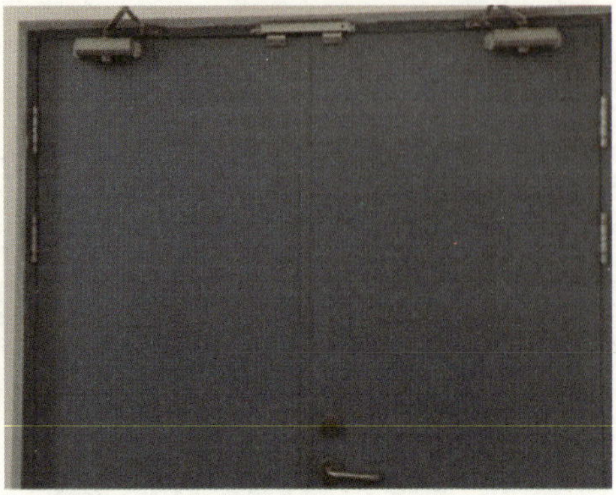

常闭防火门未设置“保持防火门关闭”等提示标识

错误示例

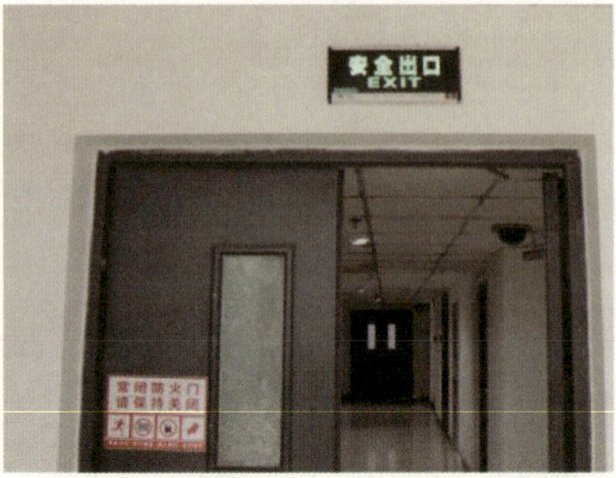

防火门顺序器缺失

错误示例

防火门密封条破损

正确示范

防火门的门框、门扇及各配件应齐全、完好，表面平整、光洁，并无明显凹痕或机械损伤

9.2 防火卷帘

9.2.1　防火卷帘管理规定

（1）防火卷帘应设置正确且处于完好状态。

（2）防火卷帘应在其明显部位设置警示标识。

（3）防火卷帘应外观完好。

（4）防火卷帘应设置合理、安装正确、功能正常，并符合《防火卷帘、防火门、防火窗施工及验收规范》（GB 50877—2014）要求。

9.2.2　防火卷帘典型问题及示范图例

防火卷帘典型问题：

（1）防火卷帘故障；

（2）防火卷帘帘面破损；

（3）手动拉链安装位置不便于操作等。

错误示例

防火卷帘帘面破损

正确示范

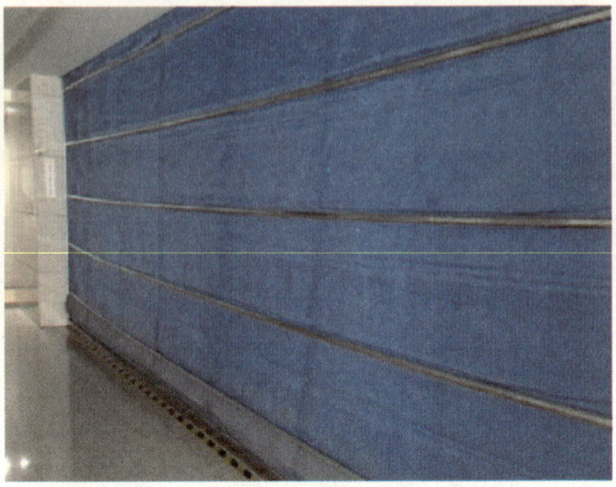

防火卷帘应外观完好

错误示例

手动拉链安装位置不便于操作

正确示范

手动拉链安装位置应便于操作

第 10 章

安全疏散设施

10.1 安全疏散设施管理规定

（1）高层民用建筑和人员密集场所应逐层设置疏散平面图。

（2）安全疏散通道、疏散楼梯间及前室等，无堆积杂物、堵塞等影响疏散的情况。

（3）避难走道、避难层、避难间、疏散楼梯间及其前室、消防电梯前室、合用前室，其顶棚、墙面和地面内部装修材料的燃烧性能均应为A级。

（4）安全出口的设置应符合《建筑设计防火规范》（GB 50016—2014）要求，无封闭、上锁等影响逃生的情况。

（5）疏散门的设置应符合《建筑设计防火规范》（GB 50016—2014）、《建筑防火通用规范》（GB 55037—2022）要求。

10.2 安全疏散设施典型问题及示范图例

安全疏散设施典型问题：

（1）疏散平面图未标明人员所在位置和安全出口；

（2）疏散楼梯间堆积杂物；

（3）安全出口锁闭；

（4）消防车道被占用；

（5）消防救援口未设置可在室内和室外识别的永久性明显标志等。

错误示例

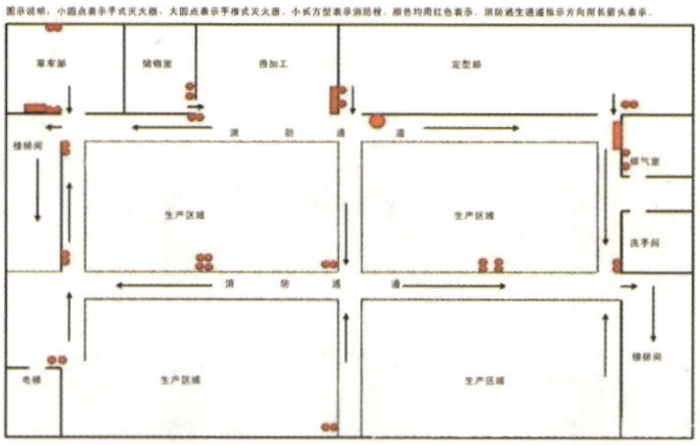

疏散平面图未标明人员所在位置和安全出口

正确示范

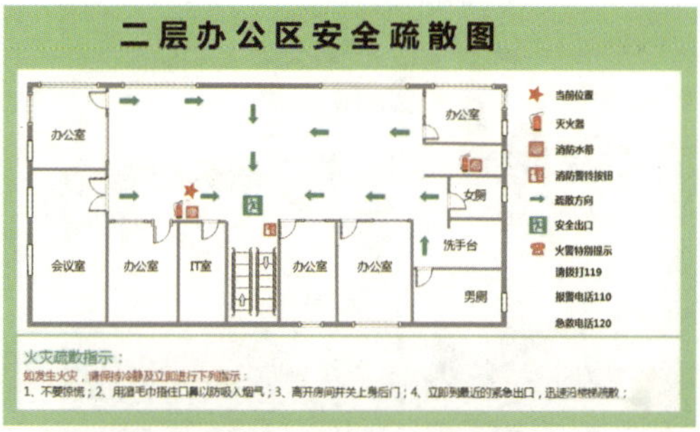

疏散平面图上应标明疏散路线、安全出口、人员所在位置和必要的文字说明

错误示例

疏散楼梯间堆积杂物

正确示范

安全疏散通道、疏散楼梯间及前室等，无堆积杂物、堵塞等影响疏散的情况

错误示例

正确示范

安全出口锁闭

安全出口的门应无封闭、上锁等影响逃生的情况

错误示例

正确示范

消防车道被占用

消防车道的设置应符合 GB 50016 要求，且无占用、堵塞、封闭消防车道的情况

第 11 章

其他典型问题

11.1 电动自行车问题示范图例

错误示例

电动自行车在室内停放

正确示范

电动自行车不应停放在室内及建筑物疏散通道和安全出口处

错误示例

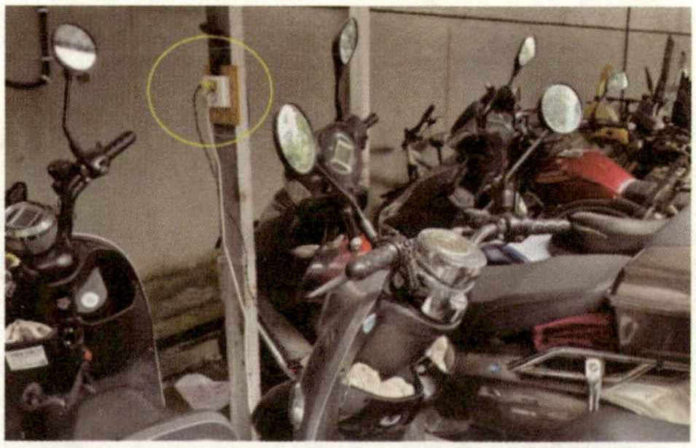

电动自行车充电设施不具备充满自动断电功能

正确示范

电动自行车充电设施应当具备充满自动断电功能

11.2 建筑材料问题示范图例

错误示例

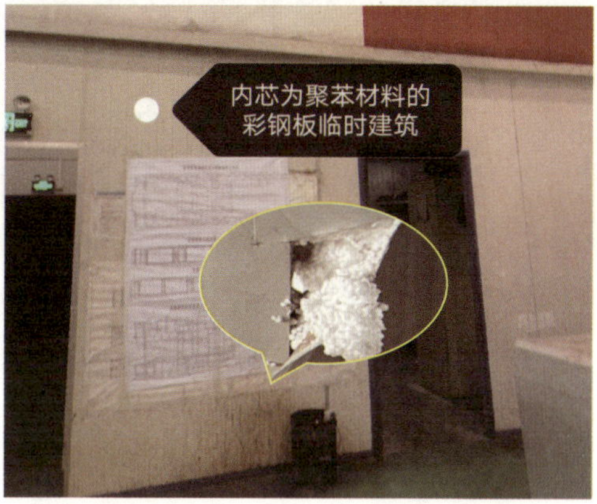

彩钢板临时建筑的芯材为聚苯材料

正确示范

临时用房是金属夹芯板房时，
其芯材的燃烧性能等级应为 A 级

11.3 电线问题示范图例

错误示例

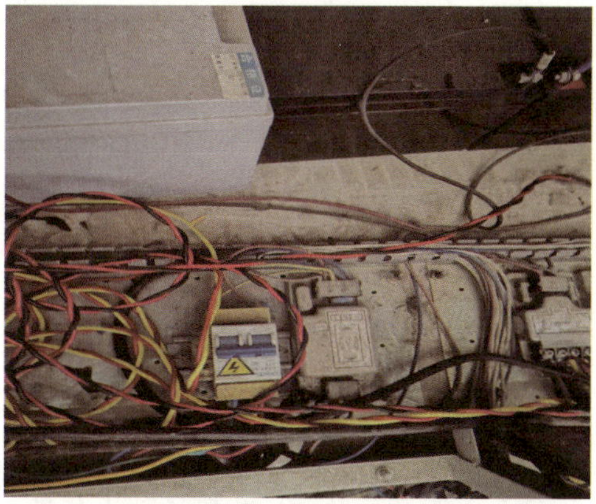

配电箱内电线混乱

正确示范

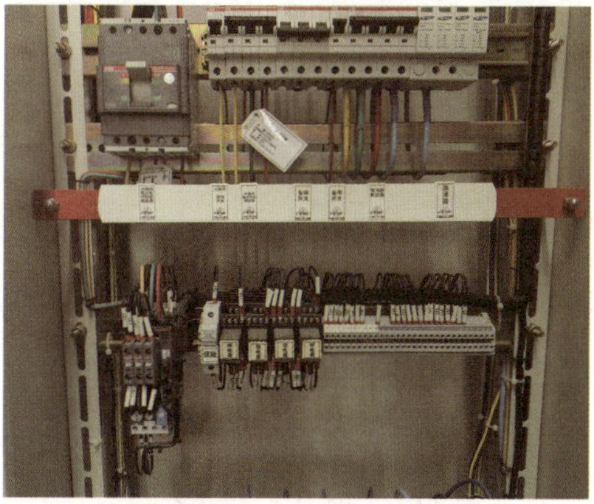

按照要求规范敷设电线

11.4 消火栓遮挡问题示范图例

错误示例

室内消火栓被遮挡

正确示范

严禁擅自拆除、停用消防设施、器材，埋压、圈占、遮挡消火栓等消防设施

11.5 消防设备检验问题示范图例

错误示例

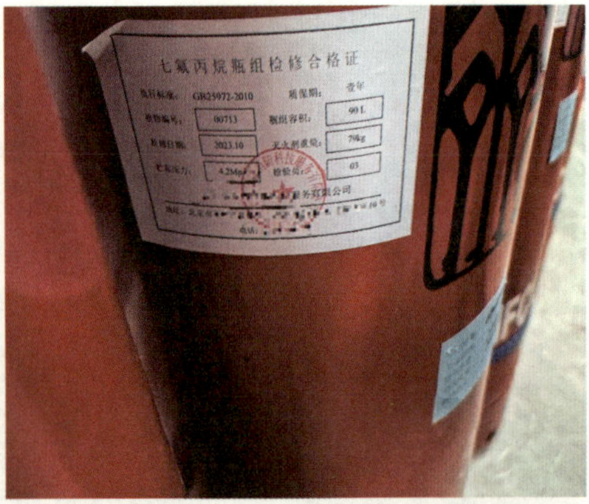

承担气体灭火系统气瓶检验的检验机构未取得中华人民共和国特种设备检验检测机构核准证

正确示范

中华人民共和国
特种设备检验检测机构核准证
Inspection and Testing Institution Approval Certificate of Special Equipment
People's Republic of China
（检验机构）

编号：IST/6/41007-2027

机构名称：河南鑫世汇征消防科技有限公司
机构类别：甲类检验机构B2级
住　　所：河南省郑州市新郑市郭店镇工业园区希望路2号
办公地址：河南省郑州市新郑市郭店镇工业园区希望路2号
统一社会信用代码：91410103MA9F8ERJ57

经审查，获准在下列项目及范围内从事特种设备检验工作：

核准项目代码	RD6（限无缝气瓶、焊接气瓶）
备　注	无缝气瓶（限二氧化碳、氮气、氩气、七氟丙烷、全氟异丙基己酮），焊接气瓶（限七氟丙烷、六氟丙烷、卤代烷1301）
	RD6核准的检验场地：河南省郑州市新郑市郭店工业园区希望路2号

发证机关：河南省市场监督管理局

发证日期：2023年10月26日

有效期：2023年10月26日至2027年03月09日

承担气体灭火系统气瓶检验的检验机构，应符合《气瓶检验机构技术条件》标准的要求，并取得相应中华人民共和国特种设备检验检测机构核准证

11.6 防火封堵问题示范图例

错误示例

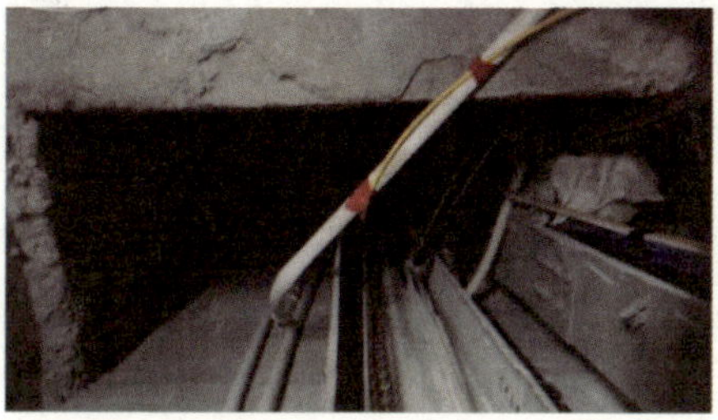

电线桥架穿越楼板处未封堵

正确示范

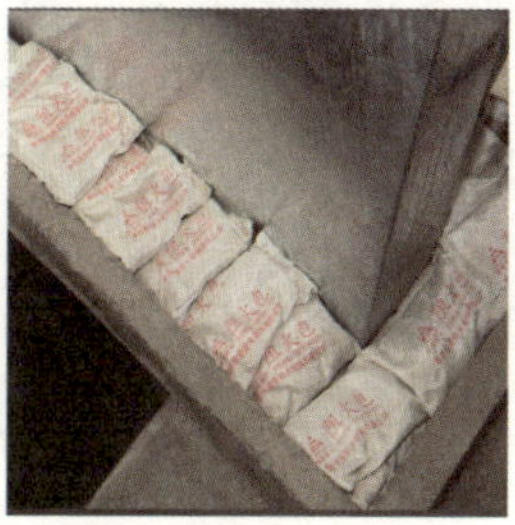

建筑内的电缆井、管道井应在每层楼板处采用不低于楼板耐火极限的不燃材料或防火封堵材料封堵

11.7 室内环境问题示范图例

错误示例

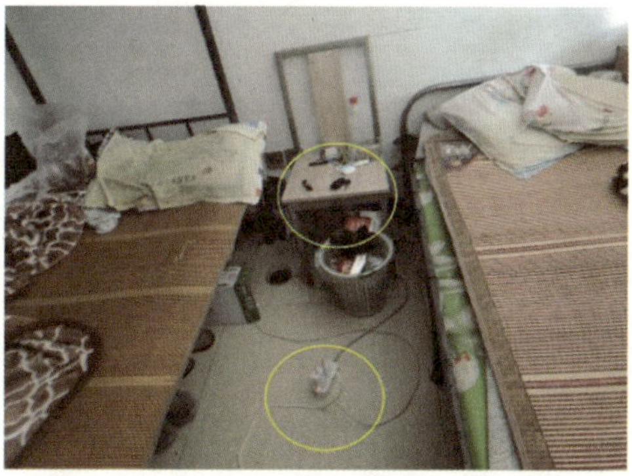

宿舍内存在私拉乱接和卧床吸烟现象

正确示范

宿舍内不应卧床吸烟和乱扔烟蒂，严禁私自接拉电线

错误示例

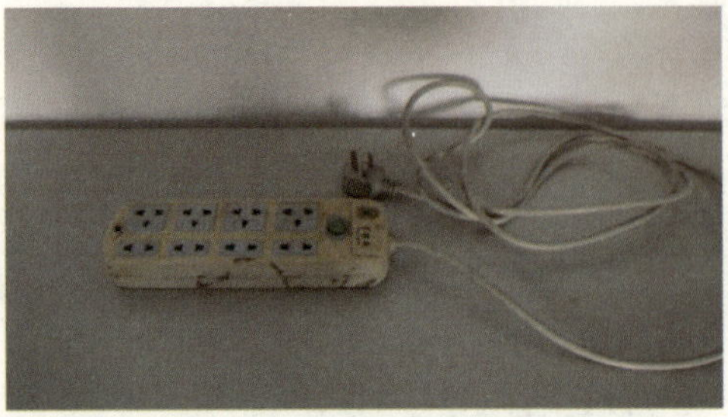

使用不符合国家标准的插线板

正确示范

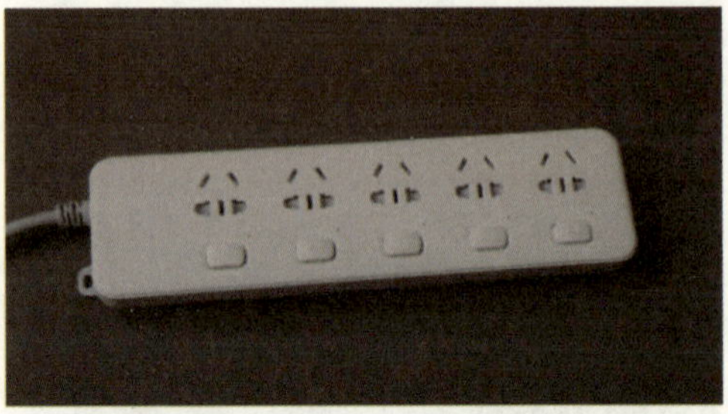

插线板应符合国家标准，外观完好，绝缘良好，无破损、烧焦等现象